素粒子の探究で宇宙がみえてくる

波場センセイのとっておき50話

著 波場直之
挿絵 コダマアキコ

丸善出版

まえがき

この本は、2016年4月から150回にわたって山陰中央新報で毎週末に連載したコラム「素粒子から宇宙へ／島根大・波場センセイの教室」をベースにしています。理系の話題と物理学に少しでも興味を持っていただけたら、この本は大成功です。

昨今、若者の理系離れがよく話題になります。「われわれは技術者としてもの作り日本に貢献してきたのだ。それに比べて今時の若者は……」なんていうのはあまり好きではありません。「今時の若者は……」という言葉はエジプトの古代遺跡にも書かれていたそうですから、ずっと昔から若い世代への愚痴は繰り返されてきたのです。

若い世代にとっては、まさに自分が生きていく将来のことですから、理系離れ、エンジニアなど理系職の待遇が決してよいとはいえない社会の現状を切実に捉えているようにも思えます。

素粒子物理学はすぐに役立つような学問ではない基礎科学です。だから、不景気の時代には不要だといわれるのもわからなくはありません。でも、たとえばファラデーが電気を発見したときに「それは一体何の役に立つの?」とものすごく批判されたことを思い出してください。今では、電気のない生活は考えられませんよね。

私は基礎科学をないがしろにするのは間違っていると思います。そして、資源（ハード）のない日本で最も大事なのは人材であり教育（ソフト）だと思うのです。

小学生に将来の夢を聞くアンケートでは研究者が毎年上位に入ります。でも、研究者になるためにものすごく努力して頑張って、やっとなれたら生活苦……だなんて夢がなさすぎませんか。お金は確かにすごく大事だけれど、研究者になりたいという夢は大切にしてあげたいものです。

さて、昔、難事件を物理学を使って解決するTVドラマがありました。その物理学の先生が事件を解決したお礼として、女性刑事に、EPRパラドックスがわかる女性との合コンを企画してほしいといって、ひんしゅくをかっていました。私の実体験からも女性がドン引きするのは間違いないと思います(笑)。

これはドラマの話で、まさかそんなことを実際にいう変人はいないでしょと皆さんはお思いでしょうが、変人のレベルはそんなものではありません。むしろ、合コンに興味を持つ人のほうが稀で、物理を考える時間を邪魔されたくないために、ずっと独身でいる物理学者の友人の多いこと多いこと……。困ったものです。

物理学者といえば、私自身もそうでしたが、アインシュタインに憧れて大学の物理学科に入る人が多いです。湯川秀樹先生、朝永振一郎先生に憧れる人もいるでしょう。大学で勉強するうちにディラックという天才にも出会います。大学院生になってからならランダウ、ウィルソン、ウィッテンも。私の場合、大学でファインマンの本に出合って物理が大好きになりました。そして南部陽一郎先生にものすごく憧れるようになりました。

じつは、高校時代は数学者になりたいと思っていたのですが、大学受験に失敗してしまったのです。

その後、在野の物理学者として知られる山本義隆先生の物理の授業を、予備校で受けて魅力を感じ、物理学科に飛び込んでしまいました。山本先生は学生運動のリーダーだった有名な方で、そのために東京大学を去ったといわれている方です。

18歳の若さって怖いですよね。先生の影響がすごいのです。だから、若いときにどんな先生に出会うかは、運ですけれど、すごくすごーく大事なのです。でも、たとえ、よい先生に出会えなくても、本には出合えます。私にとってはファインマンの本でした。

この本が、誰かにとって、素粒子物理学や物理学との出合いになれば、とってもうれしいです。とくに若い皆さんが、この本に触発されて、南部先生のような偉大な物理学者になってくれたらなぁと思います。もちろん、私もまだまだ頑張ります。南部先生のような物理学者になってノーベル賞を取るために！

二〇二〇年四月

波場 直之

目次

1話 素粒子って何？

「素粒子」と聞いてもピンとこない方がほとんどだと思います。素粒子というのは、ものをどんどんどん細かく砕いていったとき、最後に残る「もの」のことをいいます。素粒子の物理学である「素粒子物理学」は、「ものを細かく砕いていったら、一体どうなるの？」という問いかけ（この素朴な疑問は多くの人が子ども時代に一度は思ったことがあるのではないでしょうか？）に対する答えを見つけようと研究する学問なのです。

万物の源である「素粒子」とは何なのか？を究明することは、科学としてはもちろんのこと、人類の文化としても、とても興味深く意味のある研究です。じつは、この素粒子を究明しようとすると、「宇宙」のことがわかってきます。

宇宙の果てがどうなっているのか？宇宙の始まりや終わりがどうなるのか？がわかってくるのです。究極に小さいところ（素粒子）を調べていくと、究極に大きいところ（宇宙）が見えてくるのです。何て不思議なことでしょう！　さらに、素粒子を調べることで、「自然界の究極の科学の法則」がどういうものであるかもわかってきます。それが素粒子物理学なのです。

日本では素粒子物理学の研究で、湯川秀樹先生が戦後すぐにノーベル賞を受賞され、その後、湯川先生の同級生である朝永振一郎先生が、そして２００８年に、小林誠先生、益川敏英先生、南部陽一郎先生の３人が受賞されました。いわば、日本人にとって「お家芸」です。彼らは、理論物理学者で、実験はしません。私も理論物理学者ですが、基本的には紙と鉛筆さえあればいいのです。

一方、素粒子物理学を実験する物理学者として、小柴昌俊先生、梶田隆章先生がノーベル賞を受賞されました。ニュースや教養番組でもたびたび報じられる岐阜県の神岡にある巨大な水のタンクの実験施設で、ニュートリノについて重要な発見をしたのが小柴先生と梶田先生です。

世の中には、いろいろな「もの」があります。この記事を書いている机の上にも、パソコン、ノート、鉛筆、本、コーヒーカップ、……たくさんあります。部屋から出ましょう。外の世界にあるものは大山、宍道湖、鳥取砂丘、……数えきれないですよね。さて、それらの「もの」は、何からできているのでしょうか？

この疑問に対して、何と19世紀くらいまで「四元素説」が広く信じられてきたようです。四元素説というのは、「もの」はすべて「水」「空気」「火」「土」から構成されて、どれかに属しているというものです。たとえば、石を放り投げて落ちる現象は、石は「土」に属するために土（地面）に帰るのだ、と説明されます。他の例を挙げると、水の中の泡は、「空気」に属するために空気（水面上）に上

がってくると説明されます。

これはこれで、面白いですよね。でも、これだけでは説明できない自然現象はいくらでもあるでしょう。たとえば、「虹」はどう説明するのでしょう？ 無理やりこじつけて説明することはできるかもしれません。しかし、それは科学ではありません。科学は、同じ条件なら、誰がどういう手順を踏んでも同じ結果が得られなくてはいけません。

また、「原理」から新しい自然現象を予言することだって可能なはずです。虹は空気に属する「妖精」がつくっているのだと「説明」したとしても、それは科学ではないのです。

それにしても、人類の歴史の中で四元素説が信じられていたのは、そんなに昔のことではないのですね。月の上を人類が歩ける現在の科学の発展が、このわずか2世紀のものかと思うとその爆発的な発展に驚くばかりです。

もう一度、初めの質問に戻ります。ものをどんどんどんどん細かく砕いていくと、最後はどうなるのでしょうか？

2話　ごくごく小さい波で「見る」

ものをどんどん砕いていって、肉眼で見えないくらいになったとします。そんな小さなものを「見る」ためには、どうしたらいいでしょうか？

まず、「見る」ということについて少し考えてみましょう。真っ暗闇では何も見えませんから「見る」ためには光が必要だと思われます。でも、「見る」ためには光が必ず必要でしょうか？

病院の超音波診断は、体の中の肝臓などを「見る」ことができます。これは、（超音波という名前からわかるように）光ではなく、超音波で体の中を「見る」装置です。体の表面をプルプルと高速で振動させて体の中を「見る」のです。

つまり、「見る」ためには、何かしらの「波」が必要なのです。目で見るには光が必要ですが、私たちの目標は「ものを細かく砕いていったら何になるか？」を知ることですから、それがわかることを「見る」と書くことにします。

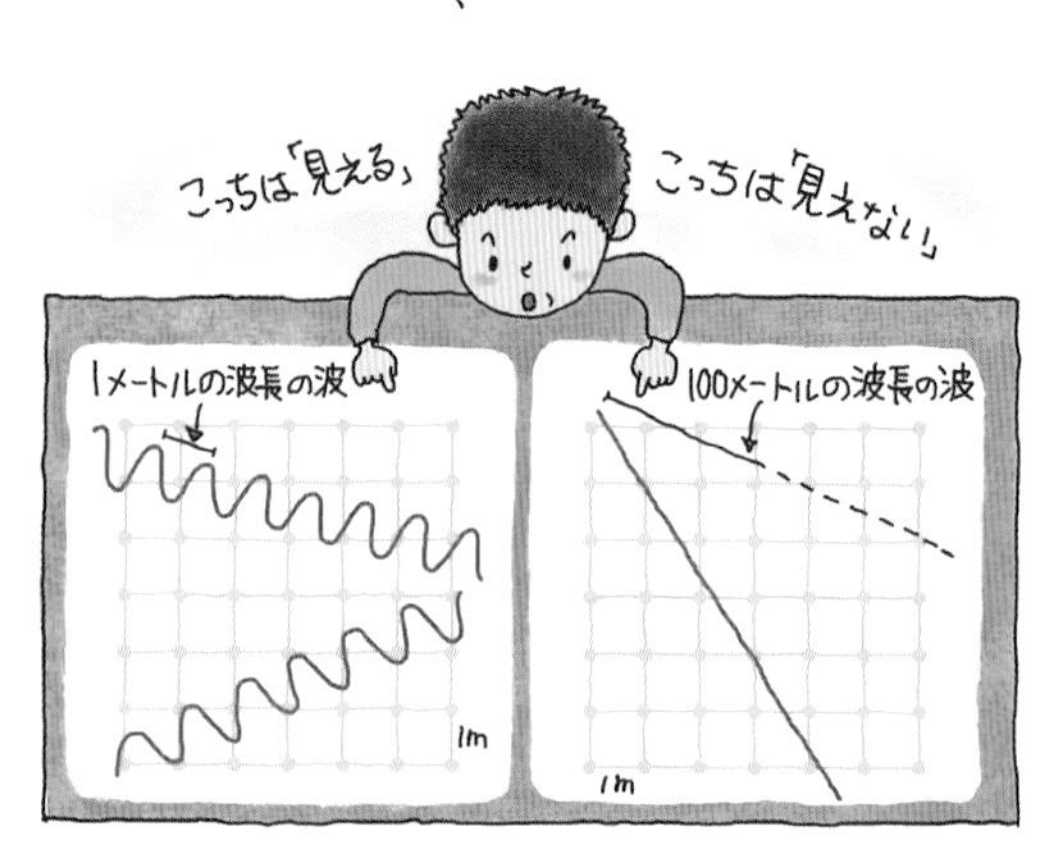

さて、イラストを見てください。等間隔に並んでいるものがあります。このように等間隔に並んでいるものを、光や超音波などの波で「見よう」としたときに、どんな長さの波が必要だと思いますか？（波の長さを1回上下する距離で定義して、それを「波長」と呼びます。）

等間隔のものの間隔が1メートルだったとしましょう。100メートルの波長の「光」（AMラジオの電波が大体この長さの光です）で、1メートルの間隔の構造を「見る」ことができると思いますか？どう考えても、100メートルの波長の波では、1メートルの構造を「見る」ことはできそうにない、そう、1メートルの構造を「見る」ためには、せめて1メートルの波長の波が必要です。

そういうわけで、肉眼で見ることのできる光（可視光と呼ばれます）の波長は大体0・38～0・77マイクロメートル（1マイクロメートルは0・001ミリメートル）ですから、それよりも小さい構造は、どんなに性能のよいレンズを持つ光学顕微鏡でも見えません。

では、もっと小さいものはどうやって「見れば」よいでしょうか？「見る」ということは「波」を使うわけですから、その波の波長を短くしたらよいわけですね。

たとえば、光の波長をもっと短くすることを考えましょう。「X線」は、1ナノメートル（1ナノメートルは0・001マイクロメートル）程度です。ですから、X線を使えば、光学顕微鏡のさらに1000分の1まで小さいものを「見る」ことができます。

じつは、ミクロの世界の力学である「量子力学」では、物質も波としての性質を持つことを学びます。そこで、電子の波を使ったのが「電子顕微鏡」です。電子の波長は、X線と同じナノメートルくらいなので、電子顕微鏡はX線と同様にナノメートルの世界まで「見る」ことができるのです。「原子」の大きさは、0.1ナノメートルくらいです。ですから、原子は、X線や電子顕微鏡でやっと見えるくらいなのですね。

どんどん短い波長を持つ波を使えば、どんどんミクロが「見える」ということがわかりました。では、短い波長をつくるにはどうしたらよいでしょうか？

縄跳びの一端を電信柱に結び付けて、もう片方を持って、手を上下に動かして「波」をつくってみてください。短い波長をつくるには、どうしたらいいでしょうか？　そう、手の上下運動をどんどん速くしていけばいくほど、どんどん短い波長の波がたくさんできますよね。手の上下運動を速くするには、エネルギーが必要です。たくさん食べてエネルギーを蓄えておかないと、腹ペコでエネルギー切れの状態では、短い波長はつくり出せないですよね。

今まで見てきた光にしろ、電子にしろ、短い波長をつくり出して、どんどん小さいところを見るには、光や電子にエネルギーを与える必要があるわけです。電子でなくても、他の粒子でも結構です。そういうわけで、どんどん細かい世界を実際に「見る」ためには、エネルギーを高くする必要があります。素粒子の世界を「見る」には高エネルギーにすることが必須なのです。ですから素粒子物理学は、「高エネルギー物理学」とも呼ばれます。

茨城県のつくばには、世界的に有名な素粒子実験研究所、高エネルギー加速器研究機構があります。ローマ字で書いた頭文字をとった「ＫＥＫ」という略称があるのですが、世界中の研究者が「ケイ・

イー・ケイ」とか「ケック」と呼んでいます。Kは日本語の単語の頭文字なのに！　大学院生時代に初めて知ったときは、妙に面白おかしく感じた覚えがあります。

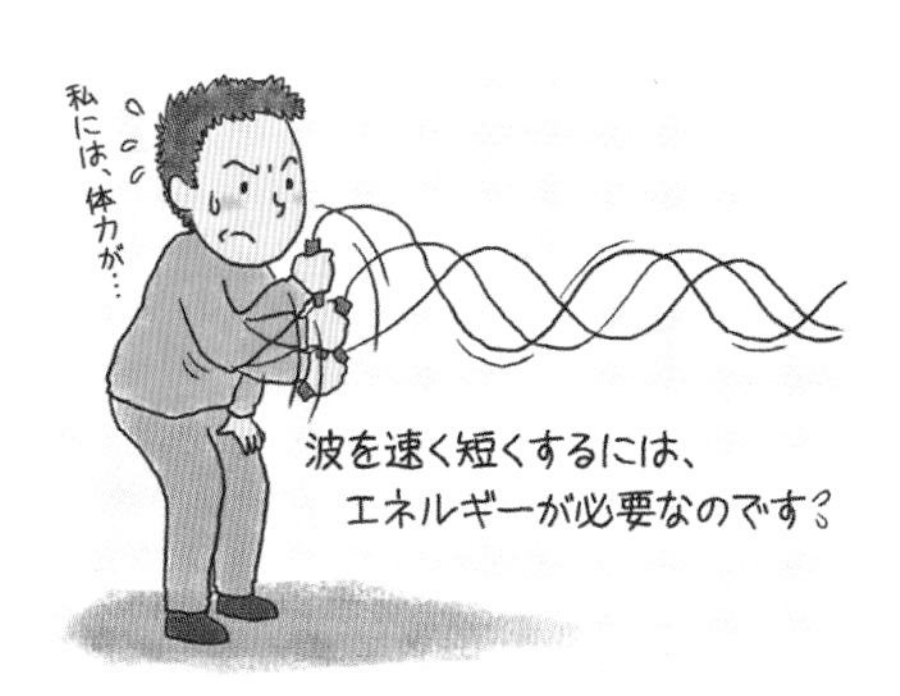

3話　原子って何？／118種の最小単位「ボール」

「ものを細かく砕いていくと何になるか？」。この問いの「答え」を、私たちは一度、高校のときに教えてもらいます。それは「ドルトンの原子説」です。

この仮説は「ものをどんどん細かく砕いていくと、最後には原子になって、それ以上細かくはできないのだ」というものです。つまり、それ以上、細かく砕くことのできない、最小単位の「ボール」から、この世の中のすべてはできているのだ！っていうわけです。ドルトンさんにとっては仮説であったと思いますが、前話で書いたX線で原子の存在は実証されました。

実際、世の中のすべてのものは、118種類のボール（原子）で、できていたのです。それらは、「周期表」にまとめて載っています。

原子の周期表は、高校の化学で勉強する重要な項目です。皆さん、周期表を「すい・へー・りー・べー・ぼくのふね…」って、暗記しませんでしたか？

世の中は、無数のものであふれているのに、じつはたった118種類のボール（原子）で、世の中のすべてがつくられているなんて、それはそれでシンプルですごいですよね！

つまり、この世のものの究極の性質は、118種類のボールの性質を調べたら、基本的にはわかってしまうんだっていうことです。

この118種類のボールを調べるのが高校の化学ですよね。また、複数の原子が集まると一つひとつの原子だけでは見られなかった性質が登場することがあります。たとえば、半導体などです。このように多数の原子が集まったことで登場する性質を調べるのも化学であり、そうした研究をする物理の分野もあります。

しかし一方で、高校の物理の授業で、原子には、じつは中身（内部構造）があって、原子核の周りを電子が回っているとも習います。

つまり、原子はこれ以上砕くことのできない最小単位の「素粒子」ではなくて、内部構造があり、さらに分解できる「複合粒子」だというのです。

私は、受験勉強時代、この矛盾がすごく嫌だった思い出があります。何回も過去問を解いて、繰り返しドルトンの原子説を、答えの欄に書いていると、「サブリミナル効果」で頭に刷り込まれ、本当のことのように思えてしまいます。そして、そのあとに習う原子核と電子でできているという話との矛盾に、物理が苦手に感じてしまった人も多いのではないでしょうか。

ものを細かく砕いていったとき、最終的には何になるの？という問いを、周期表の118種類で終わらせて、「おお、世の中は、118種類の『原子』でできているのか。だったら、その『原子』の性質を調べようじゃないか。それが、万物を理解することだ」と、科学がそこで終わっていても別に

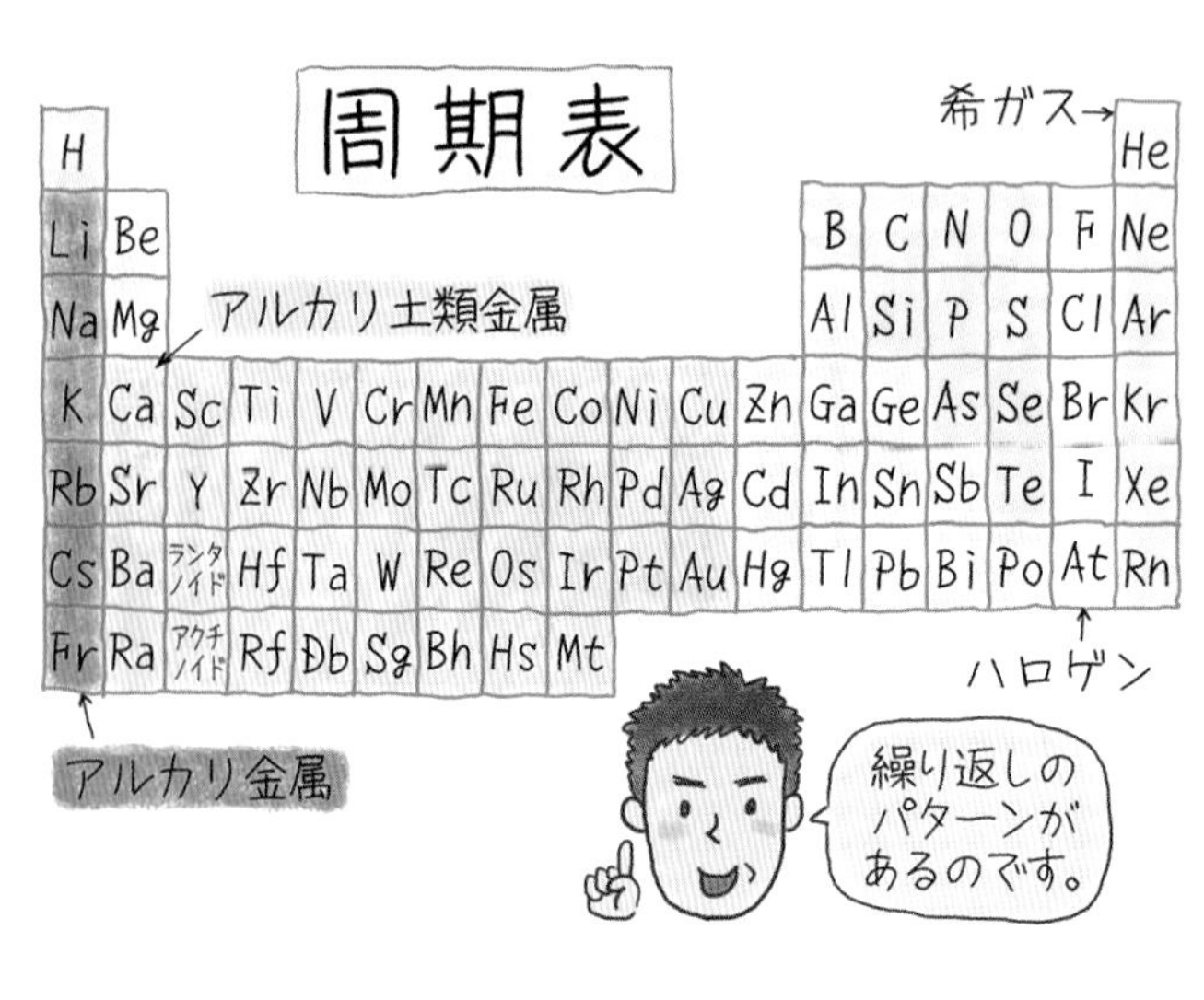

不思議ではありませんでした。

でも、私のように暗記が苦手な科学者にとって、18種類の性質を覚えるのは、とても嫌だったのです。

そう思った人たちは周期表の縦の列に同じ性質の原子が並ぶことに注目しました（周期表はそもそも原子を構成しているある粒子（次話で登場する陽子）を少ない順番に並べたものです）。縦の列は「希（貴）ガス」とか、「アルカリ土類金属」とか、いろいろな名前が付けられています。

たとえば、2周期目のリチウム（Li）とネオン（Ne）は、3周期目のナトリウム（Na）とアルゴン（Ar）に、それぞれ性質が、そっくりです。周期表の縦の列の原子は、化学的な性質がとても似ているのです。

つまり、「繰り返しの規則（パターン）」があるのです。「これは、一体どういうことか？」。もしも原子がそれ以上分解できないボールだったら、それぞれのボールは、何の関係もないはずで、繰り返しの規則（パターン）は現れないはずです。

しかしながら、自然はそうではない！　「パターン」があるのです！

「おお、これは、一体どういうことだろうか？」「おそらく、それは、この『ボール』はこれ以上分割できない最小単位『素粒子』とは、違うのではないか？」と科学者は考えたのです。

本との出合い／人生変えたファインマンの本

私はファインマンさんがとっても好きです。彼の本に出合ったのは大学の2年か3年のときでしたが、もし出合わなかったら、物理学を好きにはなっていなかったでしょうし、物理学者になろうと頑張れなかったでしょう。それほどまでに運命的な出合いで、私の一生を変えてしまった人です。

そんなファインマンさんの本を紹介します。

『ファインマン物理学1〜5』（岩波書店）。彼の講義を元にした名著で、世界中の物理学者が持っています。彼の声が聞こえてくるような、私の宝物です。昔、大学の授業でわからなかったところが、この本を読んで「ああ本質はここなんだな」とよくわかりました。とくに5巻の「量子力学」は素晴らしく、他の量子力学の本とはまったく違います。

『ご冗談でしょう、ファインマンさん』『困ります、ファインマンさん』（ともに岩波現代文庫）。彼の青春期から、研究で活躍するまでをつづった楽しい本です。リオのカーニバルで太鼓を叩いたり、古代文字を解読したり、はたまた、1986年のスペースシャトル「チャレンジャー」の事故を解明したりといろいろな話が載っています。チャレンジャーの事故究明は嫌な仕事だったでしょうが、その中でも楽しみを見つけています。そんな彼を私はとても尊敬しています。

『光と物質のふしぎな理論―私の量子電磁力学』（岩波現代文庫）は、史上最高の理論「QED」を、自分の子どもの同級生のお母さんたちにわかるようにと書いた本です。難しい理論の本質をすごく簡単に説明していて、さすがとしかいいようがありません。

あと一つ、朝永先生の『量子力学と私』（岩波文庫）を紹介させてください。朝永先生の留学時代の日記が載っているのですが、それはそれは弱気な内容で「朝永先生でさえ、あんなんだったんだから僕らも頑張ろうという気になれるよ」と大学院時代に先輩に教えてもらいました。まったくその通りだと思いました。偉大な業績を上げた研究者も、こんなに辛かったんだな……と感じられ、他には類を見ない本だと思います。

宿題は必要なのかな？

過去の偉大な科学者が、寝ているときとか、お風呂に入っているときに「大発見を突然思い付いた」っていったりしますよね。これはですね、じつは、彼らは、ひらめく前に散々、繰り返し繰り返し、計算や実験をしているのです。運よくアイデアが降ってわいたわけではありません。その背景を忘れちゃいけないのです。

世界で誰も考えたことがないことを研究しないと論文は書けません。まさに、独創性です。しかし、そういう発想は、ある日突然、ひらめくわけではありません。私自身も、何度も何度も繰り返し計算をして、失敗して失敗して……試行錯誤を重ねることで、初めて新しい発想が湧きます。これは、私の偏見ではありません。大学院生時代に恩師から薦められた「理系のための知的好奇心」（東京図書）という本にも書かれていますが、実際に手を動かして計算したり実験したりしなければ独創性は湧かないのです。

だから、小中学生の子どもにはたくさんの宿題やドリルをさせましょうというのではありません！

小中学生への宿題の効能は不明というメタ分析があります。ゆとり教育の反動なのか、今の宿題の量の多さにはびっくりします。そして、その宿題は、子ども自身の興味が湧くことを尊重する「ホームワーク」ではなくて、強制的にやらされる「ホームタスク」的なものばかりに見えます。

ゆとり教育が考えたように、ドリル的な勉強をやめれば子どもの自由な発想力が育つわけではないのですが、かといって、（テストの平均点を上げるために）ホームタスクばかり増やして、学問への興味を失わせてしまうのも間違っています。

私は教育学の専門家ではありませんが、その分野の文献を科学者として読むことはできます。子ども時代に本当に必要なのは、運動、自然に触れ合う、友達と遊ぶことで人間関係を学ぶ、などを通して非認知能力を伸ばすことだと思います。

4話 原子核の発見／世界は三つのものからできている

原子は素粒子ではなく、さらに細かく砕ける（分解できる）のではないだろうか？　そう考えた物理学者は、実験をすることで、内部構造を発見しました。原子には中身（内部構造）があって、中心には「原子核」があり、その周りを「電子」が回っていたのです。

原子核は、プラスの電荷（電気）を持った「陽子」と、電荷を持たない「中性子」から構成されています。そして、原子核の周りを取り巻いている電子は、マイナスの電荷を持っています。

要するに、世界はとってもシンプルで、「大好きな彼女も何もかも、すべてのものは細かく砕いていくと、行き着くところたった三つのものからできている！」のです。

それは、「陽子」と「中性子」と「電子」です。電荷も、それぞれ、「プラス」と「ゼロ」と「マイナス」です。

「ブラヴォー!!　世界は、たった三つのものからできているのだ！」。じつにシンプルで、美しいと思いませんか!?

そして、周期表の118種類の原子は陽子の数による順番です。つまり、何の元素かは原子核内の陽子の数が決めているのです。水素は1個の陽子を持っている、ヘリウムは2個の陽子を持っている、という具合です。そうすると、たとえば、陽子1個と中性子1個を持つ原子核は水素なのですが、中性子分だけ重くなるので「重水素」と呼ばれます（陽子と中性子2つの水素は「三重水素」です。このように

ラザフォードさん、お手柄！原子核発見！！

中性子の数が違うものは同位体（アイソトープ）と呼ばれます）。

そして、周期表の縦の列に共通する化学的性質を決定しているのは、おもに一番外側を回っている電子の数（と軌道）だったのです。また、周期表の横の列の原子が2個、8個、8個、18個、18個、32個、32個のように増えていくのも電子の物理学（あとでお話する量子力学）を使って計算で示せます（その計算だと、次は、50個になるはずです）。

さて、原子核の発見の前に、「電子」はすでに発見されていました。電子は、「原子」の内部にあることと、マイナスの電荷を持っていることがわかっていました。

一方、原子は電気的に中性です。ということは、電子の「マイナス」電荷を打ち消して、電気的に中性にするだけの「プラス」電荷が原子の内部にないといけません。

さて、ここで電気の力を考えると、プラス同士や、マイナス同士は反発し、プラスとマイナスは引き付け合います。これらのことを考えると、原子の内部は、プラスとマイナスが混在したような形の構造になっていると考えるのが、自然でしょう。

ですから、原子は、プラスの電荷を帯びた「パン」にマイナス電荷を持つ電子の「ぶどう」が散らばっているような構造をしているだろうと思われていました。これは、1900年頃に主流だった考え方で、「ぶどうパン模型」と呼ばれています。

しかし、これは、フザフォードが行った実験で否定されました。ラザフォードは、放射線であるα（アルファ）線を薄い金箔（きんぱく）にぶつけました。すると、プラスの電荷を持つα線の大部分は金箔を透過しましたが、一部が大きな角度で散乱しました。

もしも、「ぶどうパン」模型が正しければ、α線は全部、跳ね返ることなく通過するはずなのに、そうではありませんでした。

このことによって、原子の内部に正電荷の原子核が存在することを証明したのです。

5話　原子の大きさ、原子核の大きさ

原子の典型的な大きさは大体、１オングストローム（10のマイナス10乗メートル）くらいです。１マイクロメートル（10のマイナス６乗メートル）は、小さい細胞の大きさくらいですから、[*]１オングストロームの原子は、その４桁（1万分の1）も小さいわけです。

一方の原子核の典型的な大きさは、１フェムトメートル（10のマイナス15乗メートル）くらいで、原子よりも、さらに、10万分の1も小さいです。例えてみますと、原子核が1メートルの球だったとしたら、原子は１００キロメートルの球です。つまり、電子は、非常に離れたところを「回っている」のです。

どうして、「回っている」のかといえば、それは、電気の力のためです。原子核には「陽子」があるのでプラスの電荷を持っています。一方、「電子」はマイナスの電荷を持っているので、電気の力によって互いに引き寄せ合います。

だから、電子は原子核に引き寄せられて、ちょうど地球が太陽の周りを重力で回っているように、

＊ べき乗について：たとえば、10^5（10の5乗）＝100000、10^{-4}（10のマイナス4乗）＝0.0001＝10000/1のように、「乗」の付いた数字は「０」の数を表す。
ミクロの長さの単位：1 m（メートル）、1 mm（ミリメートル）＝10^{-3} m、1 μm（マイクロメートル）＝10^{-6} m、1 nm（ナノメートル）＝10^{-9} m、1 Å（オングストローム）＝10^{-10} m、1 fm（フェムトメートル）＝10^{-15} m

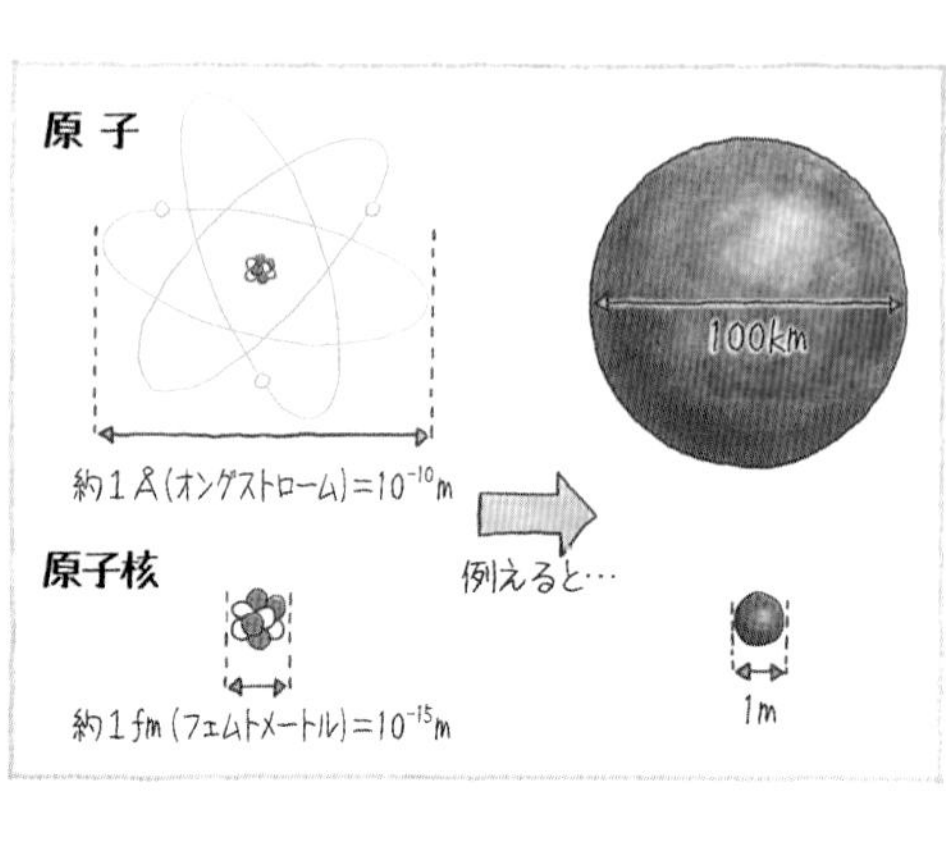

「回っている」のです。

「回っている」とかぎ括弧で囲んだのは、原子のような小さな世界では、量子力学を使わなくてはならず、地球が太陽の周りを回るようなイメージは本当は正しくないからです。でも、ここでは、まず、状況を大雑把に把握するためにこうした表現を取ることにします。

小さいものを「見る」ためには、「波」の「波長」をどんどん短くしていって、見たいサイズの波長の波にすることが必要でした。そして波長を短くするには、「エネルギー」を高くする必要がありました。そうすると、「原子核」のサイズを見るためには、（X線より5桁も波長の短い）「γ（ガンマ）線」と呼ばれる光が必要です。

また、「電子」にも「波」の性質があったことを思い出してください。電子にエネルギーを与えて、その波長が原子核のサイズになれば、やはり原子核の構造を「見る」ことができます。一方、「α（アルファ）線」は、じつは、それ自体がヘリウムの原子核です。そのエネルギーは原子核を「見る」サイズにぴったりだったわけです。

このように電子や陽子やα線などの原子核に、エネルギーをどんどん与えたら、どんどんミクロな世界を「見る」ことができるはずです。では、どうしたらエネルギーを与えることができるでしょうか？

たとえば、自転車のスピードを上げるには、坂道でブレーキをかけずにかけおりたらよいですよね。電子や陽子などにエネルギーを与えるのも同じことが可能です。電圧をかけるのです。電圧の大きさは、坂道の高さに対応します。ですから、高い電圧をかければかけるほど、電子や陽子やα線なども猛スピードのエネルギーを得られます。

このように電子や陽子やα線などを加速する装置には、サイクロトロンやシンクロトロンという装置があります。電圧の「坂」を渦巻き運動や円運動をさせて、何度も「かけおりる」ことで、加速します。それらは、「加速器」と呼ばれます。ラザフォードの実験では、原子核の存在を「見る」くらいの波長しかありませんでしたが、サイクロトロンは、原子核の構造を「見る」ことができます。

シンクロトロンを使って、粒子を反対方向から正面衝突させることができたら、そのエネルギーはもっと高くなります（自動車が電信柱にぶつかったときのダメージ（エネルギー）より、自動車同士が正面衝突したときのダメージ（エネルギー）のほうがはるかに大きいですよね）。

そうした装置をコライダー加速器と呼びます。ＫＥＫにあるコライダー加速器は、１周３キロメートルもの大きな装置ですし、ヒッグス粒子を発見したスイスのジュネーブ郊外、フランスとの国境にある、大型ハドロン衝突型加速器（ＬＨＣ）の１周はなんと27キロもあります（ちなみに山手線は１周34・５キロです）。ＫＥＫのコライダーは電子と陽電子（陽電子は電子の「反物質」、反物質についてはあとで説明します）を、ＬＨＣでは陽子同士を、それぞれ正面衝突させます。

これらの加速器での実験には、電気代だけでもものすごいお金がかかります。ですから、ＬＨＣは一国だけの予算ではできず、ヨーロッパの21ヵ所国がＧＤＰに比例した予算を出し合って実験しています。莫大な装置とお金と研究者を使ってはいますが、要するに、小さな世界を「見る」ための、ものすごく大きな「顕微鏡」なわけです。

コライダーでは、原子核よりさらにミクロの世界、陽子や中性子の内部構造を「見る」ことができます。また、後述しますが、アインシュタインの相対性理論では、「エネルギー」と「質量」は同じものだとわかります。ですから、膨大なエネルギーをコライダーでつくり出すことで、重すぎていまだ発見されていなかった新粒子を発見することもできます。そうして発見したものの一つが「ヒッグス粒子」です。

6話　大いなる矛盾／反発するのに閉じ込める

万物は、「陽子」と「中性子」と「電子」のたった三つの「素粒子」でできていると書きましたね。たった、三つのシンプルな世界です。

ところが、です。ちょっと考えると、おかしな点があります。陽子と中性子からできている原子核の周りを電子が回っているのは、電気の力のためです。陽子が「プラス」で、電子が「マイナス」の電荷（電気）を持つために引き合うのです。そして、プラスとプラス同士は反発し合うはずです。では、どうして、原子核の中の陽子は、全部プラスなのに、反発しないで原子の大きさよりも10万分の1も小さなところに、ギュッと閉じ込められていられるのでしょうか？

高校物理では、電気の力は、距離の2乗に反比例すると勉強しました。つまり、距離が半分に近くなれば電気の力は2×2＝4倍に、距離が3分の1に近くになれば電気の力は3×3＝9倍強くなるのです。

ということは、原子核の中の陽子は、全部プラスなので、その「反発する電気の力」は、原子核の周りを回る電子を「引き付ける力」よりも、はるかに強いはずなのです。

どのくらい強い反発力なのでしょうか？　陽子と電子が引き合う力は原子の大きさの距離に働いています。一方で、原子核内の陽子同士が反発する力は原子核の距離で働いています。原子核の大きさは原子の大きさの10万分の1でした。ですから、単純に考えると10万×10万＝100億倍の反発力な

のです。

これは、どう考えてもおかしいですよね。お互いプラスの電荷を持つ陽子同士は、強力な電気的反発力があるのにもかかわらず、どうして原子の大きさの10万分の1の原子核の中に閉じ込められているのでしょう？

このことは、電気の力だけでは、どうあがいても説明できません。陽子の間に、電気よりも強い、「まったく別の力」が働いて、その力が、陽子たちを結び付けて原子核を構成していると考えるしかないのです。

その力について研究して、1949年にノーベル物理学賞を受賞されたのが、湯川秀樹先生です。湯川先生は、電気よりも強い力（実際に「強い力」という名前が付けられています）が、陽子たちをギュッと結び付けていると考えました（より正確には、この強い引力は、陽子と中性子の間に働き、陽子同士や中性子同士では反発力になります。ですから、電気的な反発力が皆無な中性子だけの原子核はできないのです）。

この「強い力」は、電気的反発力よりも強いので、いくらでも大きな原子核がつくることができそうです。でも、そうすると、（周期表の原子の順番は陽子の数でしたから）いくらでも大きな原子核、つまりいくらでも大きな原子がつくられることになります。しかしながら、実際には原子は、周期表にあるように１１８個しかないのです。これは、どういうことでしょう？

湯川先生は、「強い力」は、陽子の数が１１８個の原子核の大きさ程度の距離までしか伝わらないのではないかと考えました。そして、その近距離にしか伝わらない力は、ある質量を持った「中間子」と呼ばれる粒子が、陽子や中性子の間を行き来することで伝わるのだと計算して、「中間子」とその質量を予言しました（中間子は重たいから遠くまで飛べないのです）。

そして、実際にその質量を持った「中間子」が宇宙線で見つかって、湯川先生は日本人で初めてノーベル賞をもらったのです（私もノーベル賞を取るからとプロポーズして結婚してもらったので頑張らないといけないのです！）。

7話

中間子って何？／まったく別の新しい粒子

湯川秀樹先生が予言して発見された「中間子」って何でしょうか？　あれ？　世の中のすべては「陽子」「中性子」「電子」の3種類の「素粒子」だけで、できているんじゃなかったの？　あれれれ？

そうなのです！　中間子は、陽子や中性子や電子とは全然違う、まったく別の新しい粒子なのです。化学の周期表には登場しない、過去に発見されていなかったまったく別の粒子です。

湯川先生の予言した中間子は「π（パイ）中間子」と呼ばれるものですが、他にも、宇宙線や実験から「K（ケイ）中間子」「J（ジェイ）／ψ（プサイ）中間子」「B（ビー）中間子」などなど、たくさんの中間子が発見されています。

中間子には質量があるので、遠くまで飛ぶことができません。その到達距離は大体数フェムトメートルです。フェムトメートルは原子核の標準的な大きさのスケールでしたよね。だから、無限に大きな原子核はつくられないのです。

118個より多くの陽子を原子核に持つ原子は、周期表にも載っていませんよね。それは、原子核をどんどん大きくしていくと、（数フェムトメートルより）離れたところでは、陽子同士の電気の反発力が勝ってしまい、原子核はすぐに分裂してしまうからです。これが核分裂です。

う～ん、周期表にはまったく載っていないこれらの新粒子である中間子って一体何なのでしょうか？　陽子や中性子の間を行ったり来たりすることで「強い力を伝える」粒子なのですが、では、一体全体何からできているのでしょう？

ええと、その疑問について答えを探す前に、状況はもっと刺激的であることが、わかりました。陽子、中性子、電子とは、まったく別の新しい粒子は、中間子だけにとどまらなかったのです！　陽子や中性子と同じような性質を持った、陽子や中性子とはまったく別の新粒子も、宇宙線や実験でたくさん発見されてしまったのです！

たとえば、「Λ（ラムダ）粒子」「Σ（シグマ）粒子」「Ω（オメガ）粒子」「N粒子」……などと呼ばれる新しい粒子で、陽子や中性子と同じ仲間です。これらも中間子と同じように周期表には登場しません。

ここまででも十分複雑なのですが、実験では、さらにさらに、電子の仲間の新粒子までも発見されてしまいました。「μ（ミュー）粒子」「τ（タウ）粒子」、そして三つの「ニュートリノ」です。これら「電子」の仲間は、現在まで全部で6種類が発見されています。

周期表にはまったく載っていない、これらのたくさんの新粒子って一体何なのでしょうか？　驚くべきことに数百種類以上も発見されてしまったのです！

さて、どうしたら、いいのでしょう？

暗記が嫌いな物理学者は、「世の中は数百種類以上の『ボール』からできているから、その性質を調べて終わりにしましょう」という方向にはいきませんでした。

そう、周期表でやったのと同じように、パターンや性質を見つけようとしたのです。

その結果、わかったことは……。

① 電子の仲間は、全部で6種類だけで、それらは「電子」「μ粒子」「τ粒子」「電子ニュートリノ」「μニュートリノ」「τニュートリノ」です。これらは「レプトン」と呼ばれます。

② 陽子や中性子の仲間と、中間子たちには、規則性がありました。ということは、それらの粒子は、それ以上分割できない最小単位の「ボール（素粒子）」ではなく、内部構造があることを示唆しています（思い出しましょう。原子が最小の「ボール」ではなく、原子核（陽子・中性子）と電子でできていることと同じです）。そしてじつは、6種類の「クォーク」からつくられていることがわかったのです。そして、

・陽子や中性子の仲間は、クォーク三つからつくられていることが、わかりました。クォーク三つからつくられている粒子を「バリオン」と呼びます。

・中間子は、「クォーク」と、クォークの反物質である「反クォーク」の二つからつくられていることがわかりました。中間子は「メソン」と呼ばれます（反物質についてはのちほどお話しします）。

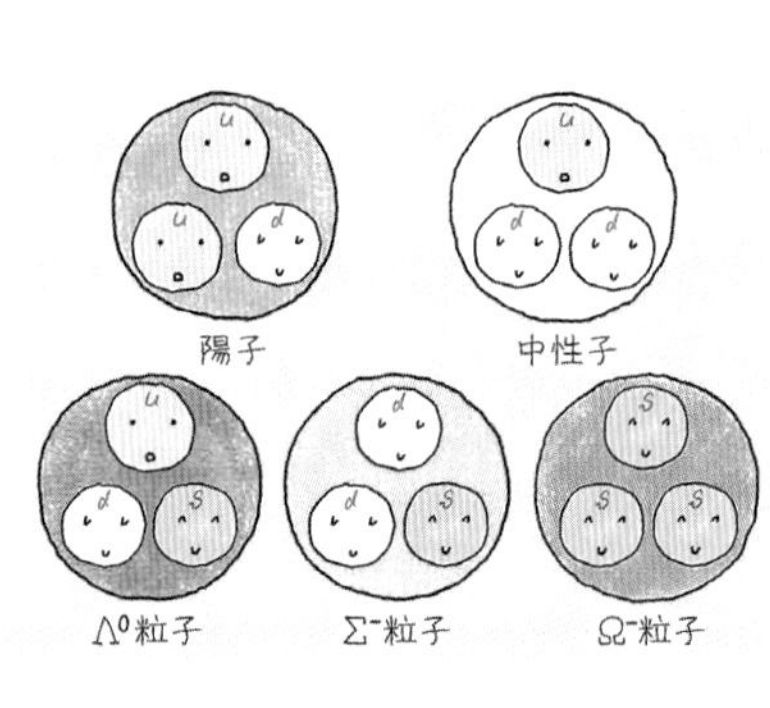

というわけで、物質をどんどんどんどん……細かく細かく……砕いていくと、6種類の「クォーク」と6種類の「レプトン」に行き着くことが（現時点では）わかっています。つまり、全部で12種類が（現時点では）これ以上分解できない最小構造の「素粒子」なわけですね。

さて、ここで、やたら（現時点では）と書いている理由をいいましょう。クォークとレプトンが本当に「素粒子」なのか？ですが、じつは、周期表のような「パターン」が、クォークとレプトンにはあるのです。

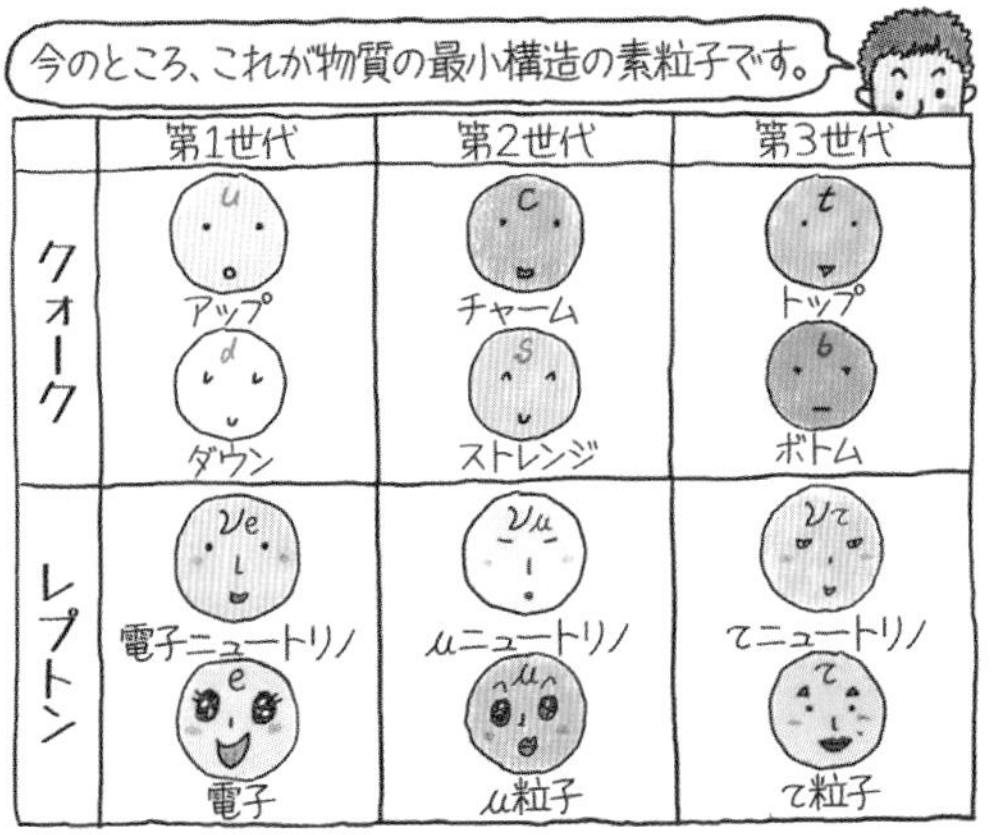

今のところ、これが物質の最小構造の素粒子です。

	第1世代	第2世代	第3世代
クォーク	アップ（u）	チャーム（c）	トップ（t）
	ダウン（d）	ストレンジ（s）	ボトム（b）
レプトン	電子ニュートリノ（ν_e）	μニュートリノ（ν_μ）	τニュートリノ（ν_τ）
	電子（e）	μ粒子（μ）	τ粒子（τ）

それは、「第1世代」「第2世代」「第3世代」と呼ばれる構造です。「世代」と呼ばれていますが、親、子、孫の「3世代」や、「団塊の世代」「ゆとり世代」の「世代」のように、生まれた時期が違うという意味合いはありません。単なるグループを表す呼び方だと思ってください（あえていうなら、発見された順番が、おおよそですが、第1世代が最も早くて、次いで第2世代、そして第3世代が最も遅かったといえます。そうすると、時間的な順番だから「世代」という言葉も悪くないのかな？）。

三つの世代に分けられるパターンがあるということは、もしかしたら、クォークとレプトンは素粒子ではないかもしれません。しかし、現時点の実験ではクォークとレプトンの内部構造は見つかっていません。そういう意味で（現時点では）素粒子と考えられているのです。

名前が付けられていますので紹介しましょう。

6種類の「クォーク」ですが、第1世代は「アップ」と「ダウン」、第2世代は「チャーム」と「ストレンジ」、第3世代は「トップ」と「ボトム」と呼ばれています。

6種類の「レプトン」の名前については、第1世代が「電子」と「電子ニュートリノ」、第2世代は「μ粒子」と「μニュートリノ」、第3世代は「τ粒子」と「τニュートリノ」と呼ばれています。

実験で見つかった数百種類以上の新粒子のほとんどが「バリオン」や「メソン」です。

「バリオン」について、「陽子」は、アップ・クォーク二つとダウン・クォーク一つからできています。「中性子」は、アップ・クォーク一つとダウン・クォーク二つからできています。周期表に登場する原子の原子核は陽子と中性子だけですが、それ以外の「バリオン」もたくさんあります。たとえば、「Λ粒子」は、アップ・クォークとダウン・クォークとストレンジ・クォークでつくられていますし、「Σ^-（シグマ・マイナス）粒子」はダウン・クォーク二つとストレンジ・クォーク一つで、「Ω^-（オメガ・マイナス）粒子」はストレンジ・クォーク三つでつくられています。

「メソン」は、たとえば、「π^-（パイ・マイナス）」はダウン・クォークと反アップ・クォークから、「K^+（ケイ・プラス）」は、アップ・クォークと反ストレンジ・クォークから、「J／ψ」は、シー・クォークと反シー・クォークからつくられています。

8話　質量が違えば別の粒子

「クォーク」は6種類しかないのに、「バリオン」や「メソン」が数百種類以上発見されていることに疑問を持ちませんでしたか？　だって、高校の数学を使うと、バリオンは三つのクォークだから、六つのものから重複して三つを取り出す組み合わせの数、${}_{6}H_{3}={}_{8}C_{3}=56$種類しかなさそうです。メソンはクォークと反クォークなので、6の2乗＝36種類しかないのでは？　あれ？　変ですよね、両方足しても92種類しかないですよね⁉　あれれ？

ミクロの世界の力学である「量子力学」は、連続だと思っていたものが「つぶつぶなのだ！」ということを教えてくれます。水は一見連続したものに見えます。しかし、どんどんミクロを見ていくと、水の分子というつぶつぶになっています（もっともっと細かく砕いていくとクォークとレプトンになります）。このように、マクロの世界では連続と思われていたものが、ミクロの世界ではそれ以上分割できない最小ユニットがあるのです（すぐあとでみるようにエネルギーもです！）。

たとえば、「バリオン」を構成する三つのクォークは互いの周りを回る運動をします。その運動はエネルギーを持ち、速く回るほどそのエネルギーは大きくなります。そして、量子力学から、そのエネルギーは連続ではなく飛び飛び（つぶつぶ）の値を取ります。

さらに、相対性理論から、エネルギーは質量と等価です。その結果、クォーク同士の回り方で質量の違う、別の粒子として「見える」のです。ですから、（クォーク（や反クォーク）に働く強い力で束縛できる限り、いくらでも速く回ることができるので）バリオンやメソンは数百種類以上存在するのです。

たとえば、陽子は、アップ・クォーク二つとダウン・クォーク一つでつくられていて、その質量は、約1・67×10のマイナス24乗グラムです。しかし、N粒子は、陽子とまったく同じアップ・クォーク二つとダウン・クォーク一つでつくられているにもかかわらず、クォーク三つの回転運動のエネルギーが存在して、それが質量に換算されるので、たとえば、陽子の約1.6倍や2.3倍の質量を持ちます。質量の異なる粒子は、別の粒子であり、それぞれ、N（1620）や、N（2200）のように、別の名前が付いています。回転運動がもっと激しくなれば、もっと大きな質量の（別の）粒子が現れます。この状況は、メソンについてもまったく同じです。

水素原子でも、原子核を回る電子の軌道が大きくなったら、そのぶんエネルギーが大きくなります。しかし、そのエネルギーは10のマイナス33乗グラム（これは電子ボルトのエネルギーに相当します）程度の質量に相当し、水素原子の質量（陽子の質量と思ってよい）に比べたら9桁も小さいために無視できて、それを「新しい水素原子」とはみなせません。同じように、たとえば、金の原子核内の陽子や中性子の軌道が変わると、10のマイナス27乗グラム（これはメガ電子ボルトのエネルギーに相当します）程度の質量が変わりますが、金原子の質量（原子核に陽子が79個もあります）に比べたら5桁も小さいので「新しい金」とはみなせません（電子ボルトは化学反応の典型的なエネルギーで、メガ電子ボルトは原子核反応の典型的なエネルギーです。詳しくは後ほどお話しします）。

しかし、「バリオン」や「メソン」までミクロの世界になると、クォークや反クォークの周回軌道や回転運動などのエネルギー（質量に等価です）の違いは、バリオンやメソンそのものの質量に比べて無視できません。それどころか、N粒子の例で見たように何倍にもなり得ます。実験で質量が違う粒子は、別の粒子として観測されるので、バリオンやメソンは数百種類以上もあるのです。

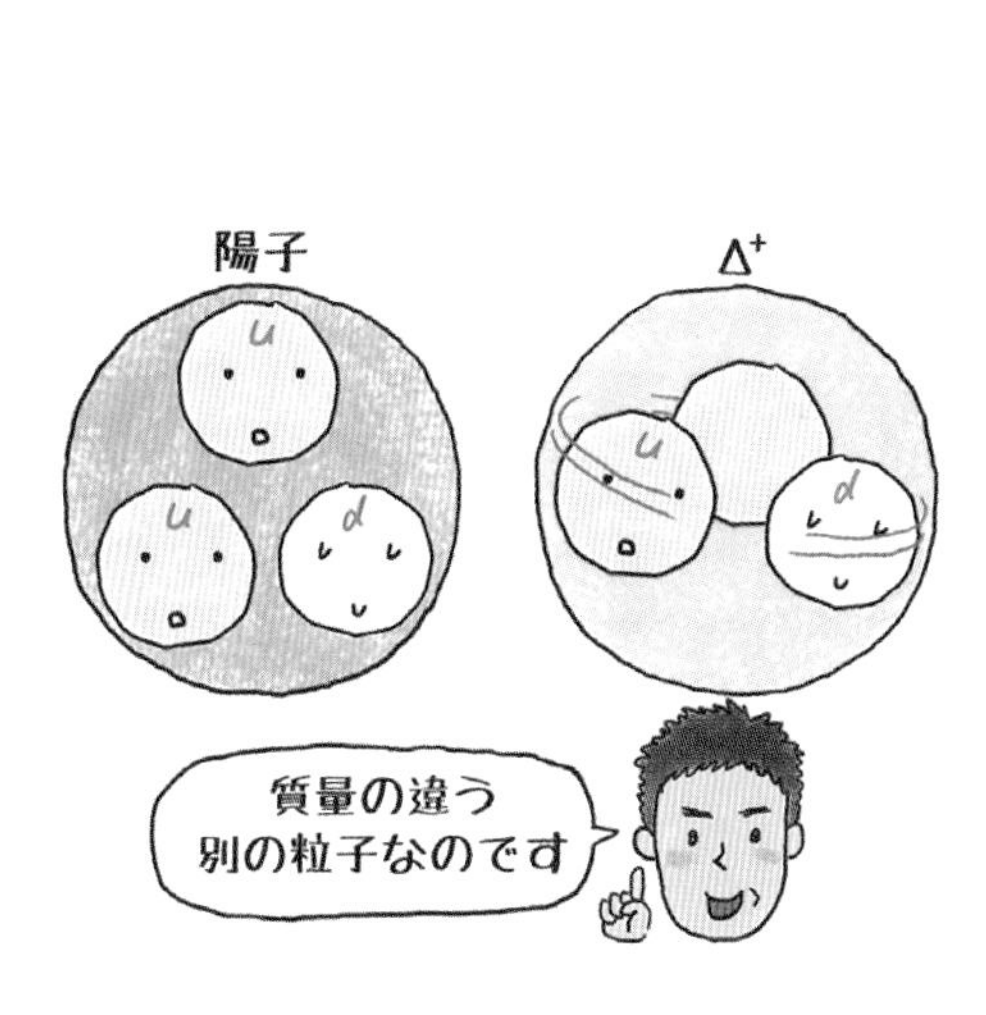

9話

クォークとレプトンの内部構造

素粒子の名前ですが、何だかなじみのないものばかりですよね。「ストレンジ」なんて「奇妙」って意味です。これは、発見されてきたときの背景があります。「ヒッグス粒子」はヒッグス博士が予言したので、人の名前がそのまま付けられたのですが、そうじゃない場合もあります。

「中間子」は「メソン」じゃなくって、その存在を予言してノーベル賞を受賞した湯川秀樹先生にちなみ「ユカワ」という名前が付いたってよかったと思いますが、残念ながらそうはなりませんでした。

その時代に有名な学者が名前を付けるとだんだんとそれが広まって定着する場合もあり、ケースバイケースで名前が付けられて、現

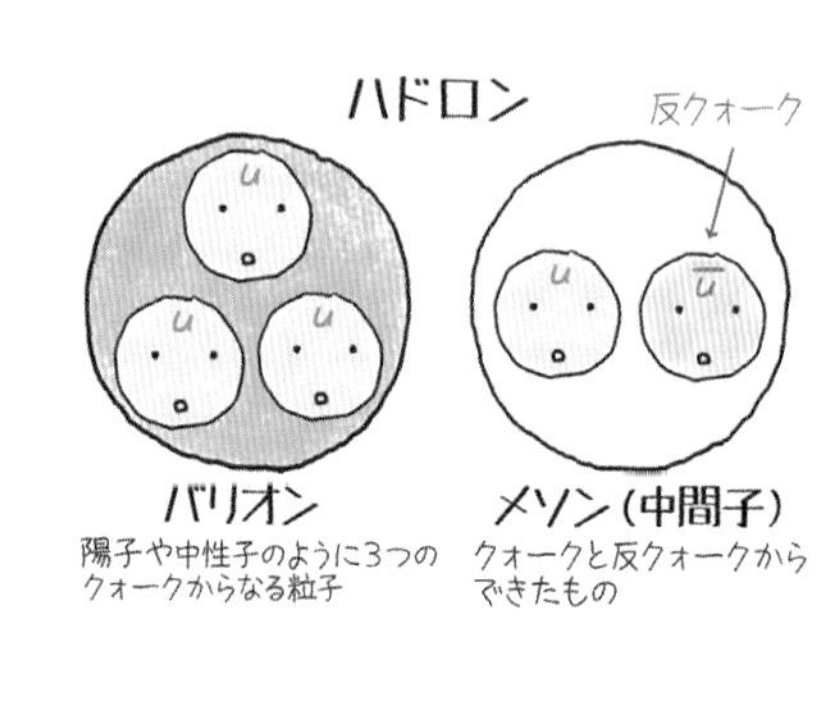

在に至っています。

「クォーク」という名前は、有名な物理学者であるゲルマン先生が、ジェームス・ジョイスの小説「フィネガンズ・ウェイク」の一節から取ってきました。鳥が「クォーク」と3回鳴いたという文章から取ってきたようです。鳴き声なのですね。じつは、「バイオリンの三つのクォークを単独で取り

出すことはできない」のですが、そのことと「鳥の姿は見えずに声のみ3回聞こえた」ということをかけたのでしょうか。

「バリオン」と「メソン」をひっくるめて、「ハドロン」と呼びます。要するにクォークから構成されているものの総称です。クォークは「強い力」で結び付きます。「ハドロン」はギリシャ語で「強い」に由来した言葉です（原子核物理学はハドロン物理学とも呼ばれます）。

一方、電子やニュートリノは「レプトン」と呼ばれます。ギリシャ語の「軽い」という言葉に語源を持つようです。確かに、電子の質量は陽子のそれに比べて約2000分の1です。しかし、第3世代のτ（タウ）粒子はレプトンですが、陽子より2倍弱も重いので、初めにτ粒子が発見されていたら「レプトン」という名前にはならなかったかもしれませんね。

ニュートリノは、パウリ先生が、放射線であるβ（ベータ）線を出すときに、観測（見ることが）できる粒子だけだと、「エネルギー」も「運動量」も「角運動量」も保存しないので、軽くて中性で観測し（見え）にくいけれどあるはずだと予言した粒子です。

たとえば、歩いていたときに、透明人間にぶつかって、回転しながら尻もちをついてしまったとします。これは、「見えるもの」だけに注目していると、とても不思議な現象ですが、透明人間とぶつかったのなら理解できます。これが、放射線のβ線を出すときに起きていることで、「透明人間」が「ニュートリノ」です。

ニュートリノはほとんど相互作用をしないので、観測することが非常に難しく、実験で検証されるまでに20年以上もかかりました。

陽子と中性子を構成するアップ・クォークやダウン・クォークは第1世代で、電子も第1世代ですから、周期表にある、私たちになじみのある身の回りの物質は、第1世代だけでできていることになります。

この12種類の「クォーク」と「レプトン」ですが、お話ししたようにパターン（規則性）があります！

たとえば、「アップ」と「チャーム」と「トップ」は、三つとも電荷などの物理的な性質がまったく同じですが、世代が大きくなるに従って質量（重さ）が、大きく（重く）なっていきます。逆にいえば、質量を量らなければ、この三つは区別することができません。

この状況は「ダウン」「ストレンジ」「ボトム」でも、「電子」「μ（ミュー）粒子」「τ（タウ）粒子」でもまったく同じです。質量だけが異なる3回のコピー（繰り返し）、3世代が「クォーク」と「レプトン」には存在するのです。

三つの「ニュートリノ」についても物理的な性質はまったく同じです。ただし、第2世代の「μニュートリノ」は「電子ニュートリノ」よりも重いことがわかっていますが、「τニュートリノ」については「μニュートリノ」より重い可能性と、「電子ニュートリノ」よりも軽い可能性があって、実験で判明させるために日本の実験グループが世界をリードして頑張っています。

このクォークとレプトンの世代は、化学の周期表に似ています。周期表では、粒子を重さ順に並べると規則性が現れました。縦の列は、同じ性質を持ち、質量だけが重くなっていきました。たとえば、アルカリ金属のリチウム、ナトリウム、カリウム、ルビジウム、セシウムは、性質が非常に似ていて、その順番に質量が重くなっています（この規則性があることから、「原子」は「素粒子」ではなく、内部構造があり、「原子核」と「電子」からつくられていることが予想され、発見されたのです）。

クォークとレプトンの横の列は、まるで周期表の縦の列のようです。同じ類推でいくと、やはり、クォークとレプトンにもまだ内部構造があるのかもしれません。

しかし、今のところ実験結果は否定的です。現時点では、クォークとレプトンに、内部構造はなさそうです。

「うーん、じゃあ、一体全体、この『世代』って何でしょうか？」

じつは、これは、現在でも謎のままの未解決問題なのです。物理学の最大の謎の一つといってよいでしょう。この謎が解けたらノーベル賞間違いなしです！　私も、この「世代の謎」の解明にチャレンジしています。

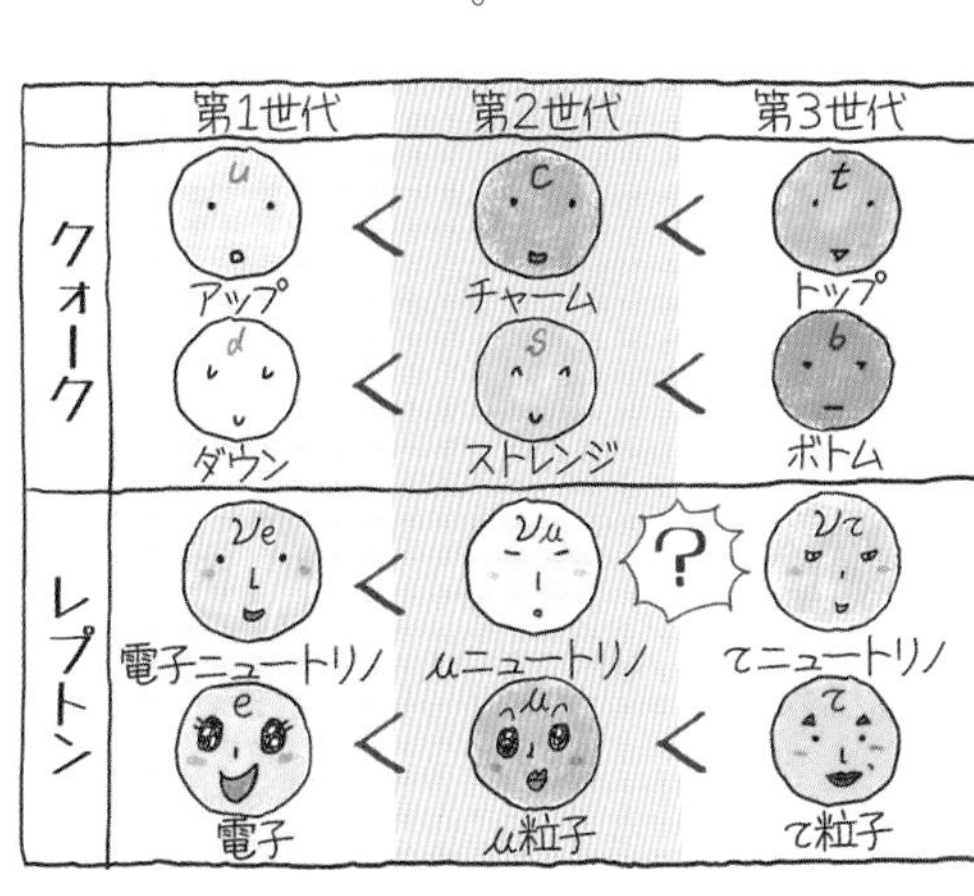

10話

反物質は時間を逆行する「物質」？

さて、今まで何度も話に登場してきた「反物質」って何なのでしょう？

「原子」は「原子核」と「電子」からできていて、原子核の周りを電子が回っていると、高校で初めて勉強したとき、私は、「どうして電荷プラスの原子核の周りを、電荷マイナスの電子が回っていなくちゃいかんのか？」「電荷マイナスの原子核があって、電荷プラスの電子みたいなものが回ってもいいのでは？」という疑問を持ちました。この疑問は変でしょうか……？

じつは、ミクロの世界の力学である「量子力学」とアインシュタインの「相対性理論」を組み合わせると、「物質」には必ず「反物質」が存在することがわかります（後で場の量子論として説明します）。「反物質」は、電荷などの性質が物質とは反対です。たとえば、マイナスの電荷を持つ電子の反物質である「陽電子」はプラスの電荷を持ちます。また、プラスの電荷を持っている陽子の反物質である「反陽子」はマイナスの電荷を持ちます。

「反物質」である陽電子や反陽子は、実際に宇宙線などで観測できます。実在するのです。あ、いや、もはや実用化されています。陽電子は、病院での検査にも使われています。PET（ポジトロン断層法）は、この陽電子を使って悪い箇所を発見します（陽電子は英語でポジトロンと呼ばれます）。

近年では、反陽子と陽電子から、「マイナスの原子核」の周りに「プラスの電子」が回っている「反水素原子」を実際につくることに成功しています。原子ならぬ「反原子」をつくり出したのですね。

さて、この反物質と物質がぶつかることを考えてみましょう。たとえば、「水素」と「反水素」がぶつかるとします。すると、何ということでしょう、反物質と物質は、消滅してしまいます！ 光（γ線）を出して消えちゃうのです！

ＰＥＴ検査の例で説明しましょう。ＰＥＴ検査は「正常細胞に比べ3～8倍のブドウ糖を取り込む」という、がん細胞の性質を利用しています。陽電子を放出するブドウ糖に類似した物質を投与すると、その物質はがんのあるところに集まります。その陽電子は電子とぶつかり、光（γ線）を出すので、その位置を特定し、がんがどこにあるか突き止めるのです。

ここで、「電子」や「陽電子」といった物質が完全に消滅して、この世から消え失せてしまうことに注目してください。「物質」と「反物質」はこのように、出合うことでこの世から消滅してしまい、その代わりにγ線を放出するのです。

「電子」と「陽電子」が出合って、互いに消滅して、γ線を放出する過程を、別の視点で見てみましょう。それは、「電子」が進んで行き、ある時刻にγ線を放出します。そのあと時間を逆行していくというものです。

路地に入っていき、行き止まりの壁に小石を投げ付けてUターンすることを想像してください。これは、空間方向の行き止まりの話ですが、それを時間方向に類推してください。「時間方向に行き止まりの壁がある路地」を想像するのです。まず、「電子」が普通に時間を過ごしていますが、時間の

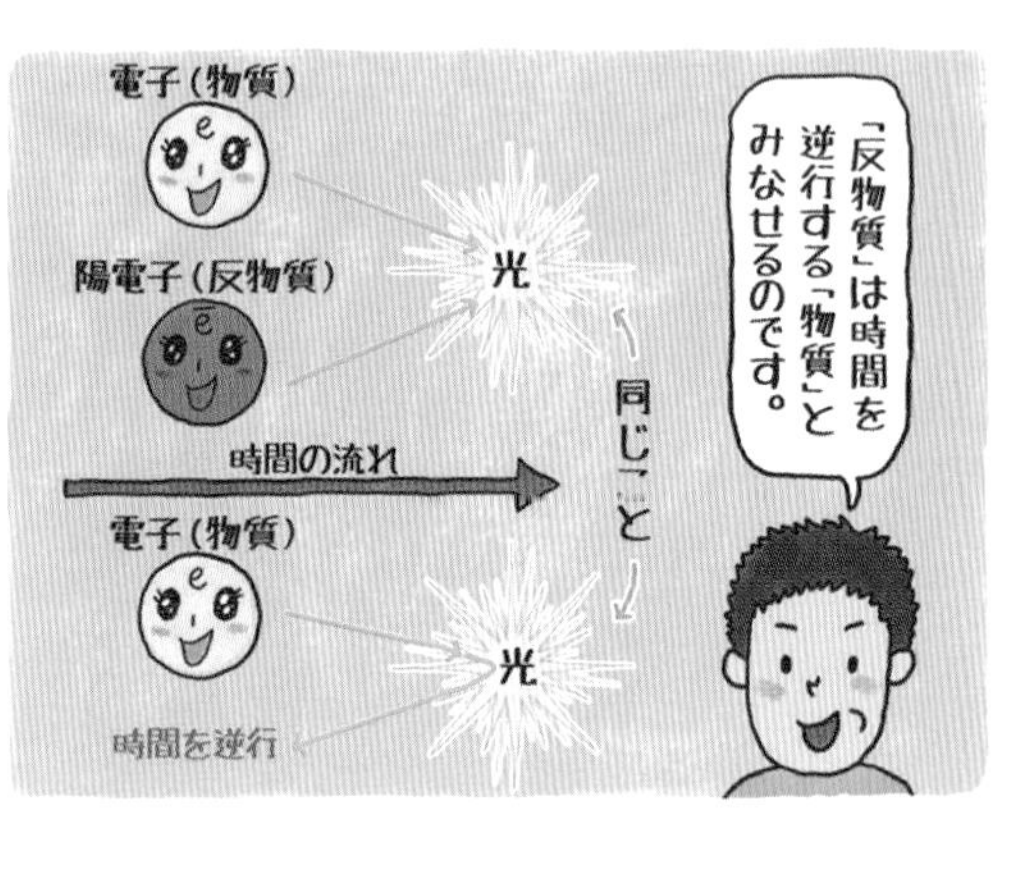

行き止まりの壁にぶつかり、そこで、γ線を投げ、時間方向を逆行して戻っていきます。

ＰＥＴの例で、「電子」と「陽電子」が消滅してγ線を出すのと、一つの「電子」がγ線を放出してから時間を逆行していくと考えるのでは、がん細胞の位置はまったく同じになります。だから、「陽電子」が時間を逆行する「電子」だとみなしてもよいのです。

この見方では、陽電子と電子は別物ではありません。時間を逆行している電子が陽電子の役割をしているのです。

ここで電子や陽電子などの素粒子について次の重要な性質を述べないといけません。「同種の素粒子は区別ができない」です。つまり、私の手のひらにある電子と私のお気に入りの女優さんの顔にある電子は、区別をすることができないのです。

たとえば、人間は、20歳の美女と１００歳のおじいさんとは、年齢も見た目も違いますから、当然区別できます（１００歳のおじいさんをデートに誘うことはなかなかない気がします）。

しかし、素粒子には区別がなくて、見分けることができません。人間だったら通常は20歳の若者のほうが１００歳の老人よりもこの先長く生きられそうですが、素粒子は区別がなく、今まで歩んできた自分の歴史もまったく記憶がなく、この先どのくらい生きられるかは完全に同等なのです。人間の世界とずいぶん違いますね。

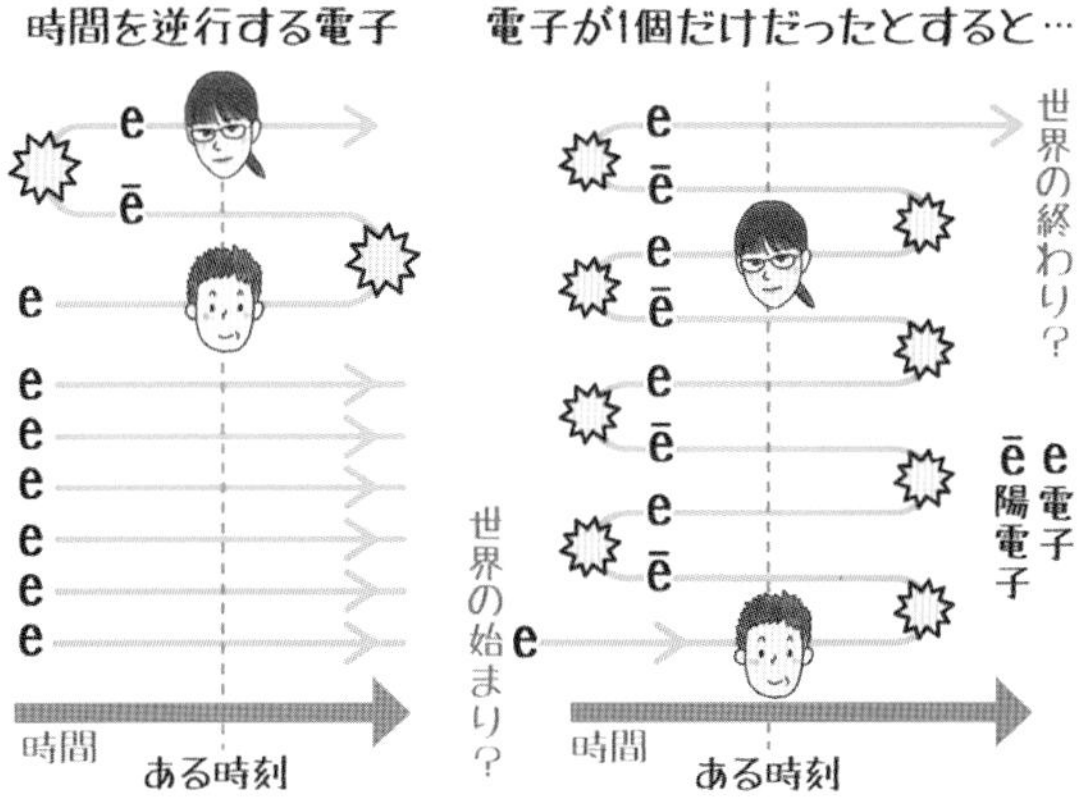

この区別がつかないということが、とても重要です。たとえば、ＰＥＴの例で、電子と陽電子が消滅してγ線を出すのと、一つの電子がγ線を放出してから時間を逆行していくのは同等だとお話ししましたが、もしも「20歳の美女電子」と「１００歳の老人陽電子」のように区別することができるなら、「20歳の美女電子」が時間を逆行しても「１００歳の老人陽電子」にはなりそうにありませんよね。ですから、陽電子が「時間を逆行する電子」だとみなすことができるのは、どの素粒子も決して区別することができない、別物ではない、という素粒子の性質が根本にあるからなのです。

私の靴の先の電子も、ある時点で、γ線を放出して、時間を後戻りする陽電子となって、そして、またγ線を放出して、女優さんの帽子の電子になっているのかもしれません。それをどんどん広げていくと、もしかしたら、この宇宙には電子はたった一つしか存在しておらず、その一つの電子が何度も何度も何度も何度も時間を行ったり来たりすることで、この宇宙の全部の電子をつくっているのかもしれません。

でも、そう考えると、電子と陽電子は（ほぼ）同じ数でなくてはなりません。しかし、私たちの宇宙では反物質の数は物質に比べてとても少ないので、この考えは残念ながら間違いです。いや、残念ではないですね。だって、これが本当だと、あるとき突然この世界の終わりが来て1個の電子と光だけ……になっちゃいますもの。

11話 反物質の世界は宇宙のかなたにあるのか？

反物質が実際に存在することをお話ししましたが、私たちの身の回りは、物質ばかりでできていますよね。反物質ってあんまりないですよね……っていうか、反物質がたくさんあったら、こうしている間にも私たちと衝突して、私たちは消えてなくなっちゃいます。

じつは、宇宙線として、今も、この瞬間も、反物質は降ってきています。だから今も私たちの肌の一部はポツポツと消えてなくなっているのです。

「ひぇ〜」ですよね。でも、それは、やっぱりほんのごく一部です。すごく少ないから気が付かない。だから、私たちは消滅せずに存在できているのです。でも、どうして、この世の中は物質ばかりでできていて反物質が少ないのでしょう？

じつは、その理由はいまだ解明されていません！ 一つの考え方は、「宇宙のかなたに反物質でできた宇宙があるかもしれない」というものです。いや、面白いですね。反地球があって、反日本があって、反ガリレオ先生がいて……。ガリレオ先生と反ガリレオ先生が宇宙旅行の末に、出会って、握手をしたとたんに2人は、γ線を放出して消えちゃう……。

でも、電波の届く範囲で、もし、「反物質」ばっかりでできた宇宙の領域があるなら、「物質」でできた宇宙の領域と「反物質」でできた宇宙の領域との境目で、両者がぶつかることで消えてできるγ線が大量に発生しているはずです。

しかし、宇宙を観測しても、そういうまとまったγ線は、宇宙を観察してもどの方向からも来ていません。ということは、どうやら反物質だけでできた宇宙の領域はありそうにないのです……。

なぜ物質のほうが反物質より多いのかは、おそらく、宇宙の始まりに関係しています。宇宙初期に、物質が反物質よりもほーんの少しだけ多くて、ほぼすべての物質と反物質がγ線を出して消えてしまったあと、ほんのわずかに残った物質が、現在の宇宙に物質として残っていると考えられています。この「わずか」というのは、物質が100億1個に対して反物質が100億個あったくらいの「ごくわずか」の差です。100億は衝突して消えてγ線のエネルギーになり、残りカスの1個が私たちを構成している現在の物質なわけです。

ちょっとへこみますよね。私たちって、カスやったんや……。否、逆にいえば、100億の中から生き抜いた精鋭ともいえますね。そう思っていたほうが精神衛生上よさそうです。

でも、不思議ですね。もし、このほんのごくわずかなカスのようなずれがなかったら、宇宙は、物質が何もなくって（当然、太陽も地球も人類もいない）、暗黒で空虚なものになっていたわけです。

物質と反物質のわずかなこのずれは、クォークに「3世代」あることと大きく関わっています（このことを示したのが小林誠先生と益川敏英先生で、ノーベル賞を受賞されました）。むちゃくちゃ小さいミクロの「素粒子」とむちゃくちゃ大きい「宇宙」が密接に関係しているのです。面白いですね。

12話 質量をエネルギーに変える

電子と陽電子が消えてなくなると聞いたときに、高校で物理を勉強した人は「えっ？ 質量保存則は？」って思ったのではないでしょうか。「質量保存則」というのは、化学反応や物理過程の前後で質量の総量は不変である、という法則で、授業で散々教えられ、さらに入試問題集で頭に刷り込まれる、受験勉強の超必須アイテムです。

しかし、現実に、反物質と物質は衝突すると消えてしまいます。PET検査では、電子と陽電子の消滅の結果放出されるγ（ガンマ）線を測定して、患部を見つけ出すわけですが、電子と陽電子の質量（それぞれ約9・11×10のマイナス28乗グラム）が実際に消えてしまうのです。

だから、厳密には、質量保存則は成り立っていません。中学や高校で何度も何度も呪文のように習う質量保存則は正しくないのです。

アインシュタインの「相対性理論」を勉強すると、「質量」と「エネルギー」は、じつは等価なものであることがわかります。そう、アインシュタインの有名な式、「$E = mc^2$」です。

mは質量、cは光の速さで毎秒約30万キロメートルです。mが小さくても光速の2乗がかかるので、質量はとても大きなエネルギーに換算されます。PET検査では、衝突で消える電子と陽電子の質量にcの2乗をかけたエネルギーが（γ線として）放射されるのです。

化学反応でも本当は質量が保存しません。たとえば、水素に火を近付けて爆発させる化学反応を見ましょう。熱エネルギーが放射されるということは、質量はごくごくわずかですが減っていることを意味します。その減少分は、わずか10のマイナス33乗グラム程度（1円玉の重さはちょうど1グラム）ですから、とうてい測定できません。だから、化学反応では質量保存則はとてもよい近似であり、実質的に成り立っているといってよいのです。でも、本当は、わずかでも質量が減っているからこそ、熱エネルギーが出てきたのです。

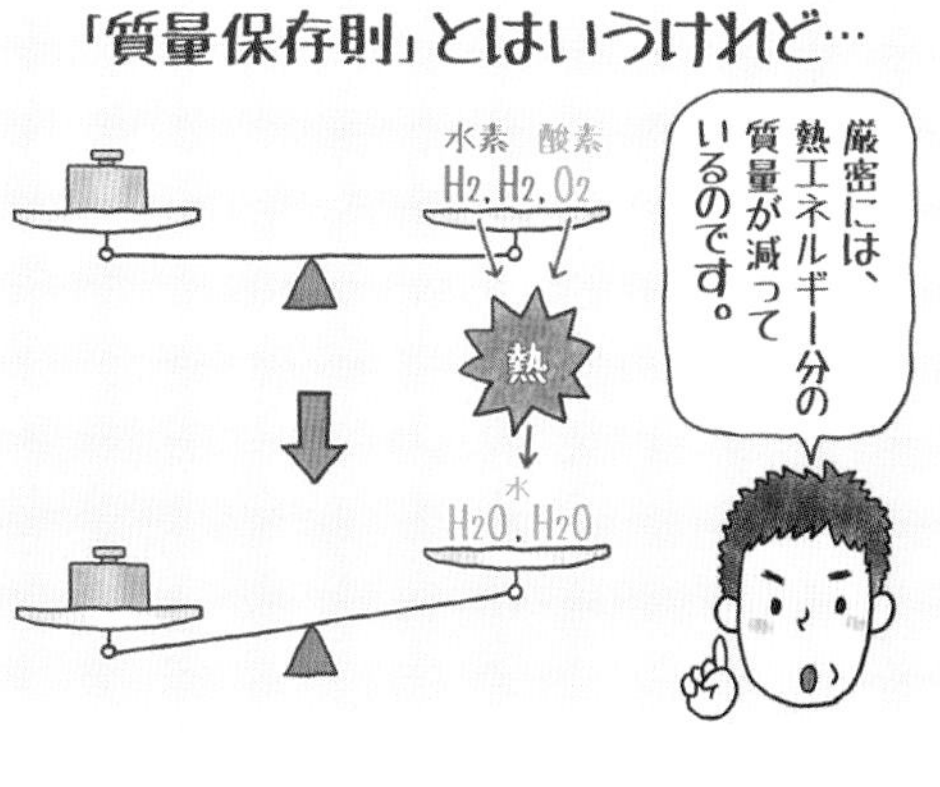

ものが燃えるとか、日に焼けて肌が黒くなるとか、魚を焼くとか、身の回りはたくさんの化学反応で満ちています。そうした化学反応とは、原子核の周りを回る電子の軌道が変化することです（電子の運動は量子力学で計算できますから、すごく大胆にいうと化学は「電子の物理学」です）。

さて、その電子の軌道の変化分によるエネルギーの変化はどのくらいかといいますと、1電子ボルトのスケールです。1電子ボルトとは、電子を1ボルトの電圧で加速したときに得られるエネルギーです。そして、$E = mc^2$ を使って質量に換算すると、1電子ボルトは約10のマイナス33乗グラムになります。

乾電池は1.5ボルトですね。乾電池のプラスとマイナスを電線から金属板にそれぞれつなげたとします。そうしたら、マイナスの電荷を持った電子をマイナスの板のあたりに置くと、プラスの板に電気の力（クーロン力）で引き付けられて、プラスの板にたどり着いたときにはスピードを持ちます。すなわち（運動）エネルギーを持つのです。このエネルギーが1.5電子ボルトです。

そもそも、私たち人類が生きていられるのは、食物を食べてエネルギーを取り込んでいるからですが、そのエネルギーの源をたどっていくと、太陽のエネルギーに行き着きます。その太陽が、50億年もエネルギーを放射し続けていられるのも、質量をエネルギーに変えているからなのです。

太陽では、水素原子核（陽子のこと）二つを（中性子と合わせて）結合させて、エネルギー的に低いヘリウム原子核（陽子と中性子が二つずつある原子核のこと）をつくり、そのときに余ったエネルギーを放射します。つまり、水素原子核二つよりも、ヘリウム原子核のほうが、エネルギーが小さいので、余分のエネルギーを放射するのです。これが、太陽がつくり出すエネルギーで、「核融合」と呼ばれる原子核反応です。水爆も同じ原理です（それに対して、原爆や原発では重い原子核が、エネルギー的に低い軽い原子核に分裂することでエネルギーを出します。「核分裂」といいます）。

化学反応では、電子ボルトのスケールのエネルギーを放出したり吸収したりするのに対して、原子核がくっついたり分離したりする原子核反応の場合は、メガ電子ボルト（1メガ電子ボルト＝100万電

子ボルト）のスケールのエネルギーを放出したり吸収したりします。

ダイナマイトは化学反応で、原子爆弾や水素爆弾は原子核反応ですから、後者は6桁も大きなエネルギーを放出します。ダイナマイト100万個分です。同じように、火力発電は化学反応で、原子力発電は原子核反応です。太陽が放出するエネルギーは水素爆弾に似ている原子核反応です。太陽は46億年も莫大なエネルギーを放出し続けていますが、もしも化学反応でそのエネルギーを放出し続けたらとっくに燃え尽きていたでしょう。

それくらい原子核反応のエネルギーは大きいので、もはやそのエネルギーに対応した質量の変化は無視できません。原子核反応では、アインシュタインの式、$E = mc^2$の「質量はエネルギーに換算される」ことが、実際に質量の変化として観測できます。悲しい歴史ですが、広島に投下された原爆は、ウランの核分裂でその質量が約0.7グラム減って、そのぶんがエネルギーに化けたことによって、街が破壊され、多くの尊い命が奪われました。

物理学者はこの原子核反応で原爆をつくることに協力してしまったことをすごく後悔しています。もちろん私は当時のことは知りませんから、いろいろと話を聞くだけです。

たとえば、日本物理学会では会員は誰でも発表ができます。私もプログラムを作成する委員をしたことがありますが、「こんな発表していいの？」といった内容でも却下しません。物理学者が原子核のことを知りたいという欲求もあって原爆をつくってしまった反省から、自分たちだけで閉じた世界をつくってはダメだという反省を込めているのだと、年配の先生から聞いたことがあります。

13話

超新星爆発が重い元素をつくる

たくさんの原子があるということは、陽子と中性子の数が異なるたくさんの原子核があるということです。原子核は中間子のおかげでギュッと強く結び付いているわけですが、いろいろな種類の原子核は皆同じように結び付いているわけではありません。

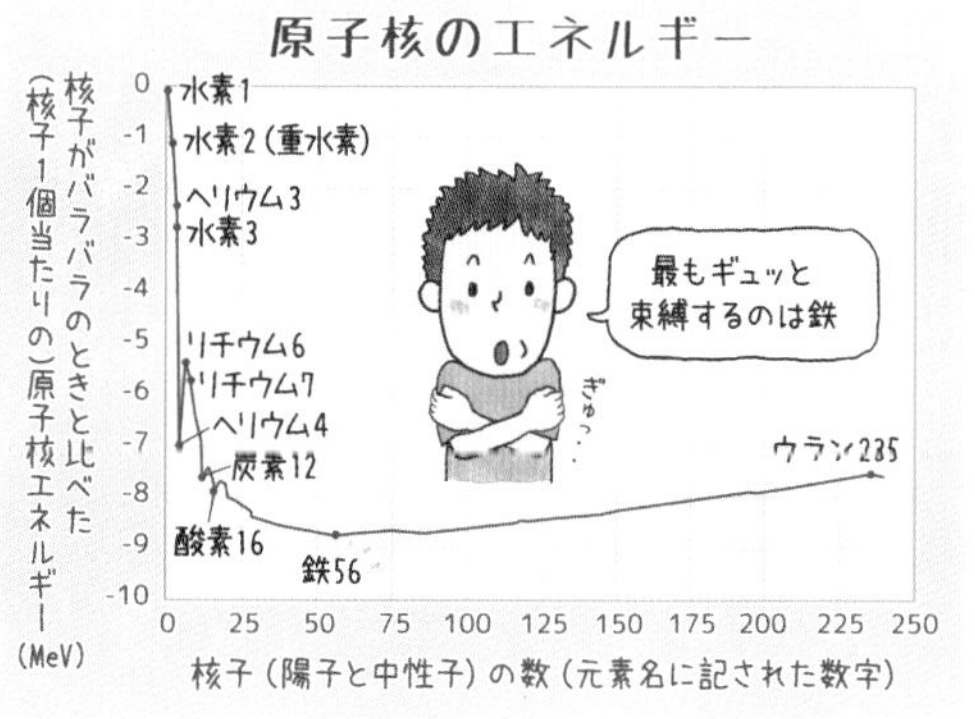

図は、原子核の中の陽子や中性子一つ当たりの束縛する力のエネルギーです。これを見ると、鉄が最も強く束縛していて、エネルギーが低いことがわかります。ですから、鉄の原子核をつくる方向にエネルギーを取り出すことができます。鉄より重い原子核が分裂してエネルギーを出す場合が核分裂、鉄より軽い原子核をくっつけてエネルギーを取り出す場合が核融合です。

化学反応の場合、水素と酸素がある状態より、水になったほうが、エネルギーが低いので、水素が燃えると熱エネルギーが放出されます。同様に、基本的に小さい原子核をくっつけて大きな原子核をつくる場合、鉄の原子核をつくるまではエネルギーを放出しますが、それ以上大きい原子核をつくるには、逆にエネルギーを与える必要があります。つまり、鉄を境目にして原子核は性質が決定的に違うのです。

ここで重要なのが、後ほどお話しする宇宙の始まり「ビッグバン」です。宇宙の始まりでは、原子核ができる前の陽子と中性子がバラバラの状態です。ビッグバンによる爆発で陽子や中性子は互いにくっついて原子核をつくりますが、水素やヘリウム、リチウムなどのように小さな原子核しかつくれません。私たちが生きていくうえで決定的に不可欠な酸素や炭素などはビッグバンではつくることができずに、星の内部の核融合で徐々につくられていくのです。

しかし、通常の核融合では鉄よりも大きな原子核をつくるのは難しいわけです。でも、私たちの周りには銅や亜鉛、金など、鉄より大きな原子核がたくさんあります。銅や亜鉛、ヨウ素などの鉄よりも重い元素は、私たちの生命を維持するのに微量ながらも必要で、欠乏すると体内代謝などのバランスが崩れて各元素に特有の症状が現れます。私たちは重い元素がなかったら生きていけません。これらの重い原子核は、一体どうやってつくられたのでしょうか？　気が付きますか？　エネルギーが供給されれば、鉄よりも大きな原子核はできますよね。そのエネルギーの供給源の一つが超新星爆発です。

超新星爆発は、太陽よりもかなり重い恒星が核融合をし尽くして（燃え尽きて）最後に大爆発することです（昔は夜空に突然明るく輝く星が現れたので星の誕生だと思われて「超新星」と名付けられましたが、実際は逆で星が死ぬときの最後の輝きなのです）。

その爆発は莫大なエネルギーを放出し、その過程で鉄より重い原子核がつくられます（超新星爆発の結果あとでお話しする中性子星やブラックホールが残ることもありますが、星の本体が飛び散ることもあります）。身の回りの重い元素の多くは、気の遠くなるような昔に起きた超新星爆発によってつくられたのです。

もう少し正確にいうと、鉄よりも重い原子核は、赤色巨星などの星でも、不安定な核の効果によって（エネルギーが供給されて）つくられることがわかっています。しかし、そのタイムスケールは数十億年という星の寿命のものので、非常にゆっくりです。

このように、超新星爆発での一瞬の核融合と、赤色巨星などのゆっくりした核融合によって、宇宙に存在する鉄より重い元素の大半がつくられるのです。

有史以来、肉眼でも見ることができた超新星は八つあり、一番星で有名な金星、宵の明星（明けの明星）くらい明るかったこともあるようです。

一つの銀河の中で超新星爆発は数十年に1回起きるといわれています。しかし、私たちの銀河系内では、ケプラーが観測してケプラーの星とも呼ばれた、へびつかい座の超新星爆発（ＳＮ　１６０４）が１６０４年に起きてからは起きていません。

いにしえから人々はこの突如夜空に現れる明るい星に興味を持っていたようです。たとえば「かに星雲」の元になった超新星爆発（ＳＮ　１０５４）について、鎌倉時代の藤原定家は「明月記」に記しています。超新星爆発は少なくとも風流には貢献したのですね。

　でも、それだけではありません。鉄よりも重い元素をつくり出すのに貢献したのです。

　大きな原子核になるほど、陽子の数よりも中性子の数が多くなります。なぜなら、プラスの電気を帯びた陽子たちは電気的に反発するからです。この反発力よりも、中間子の交換で働く「強い力」のほうが強いので、原子核はくっついていられたのですが、中間子は質量を持つためにフェムトメートルのスケールまでしか飛ぶことができず、その結果、「強い力」もフェムトメートルのスケールまでしか届きません。一方、電気の力は、光の交換を起源としますが、光には質量がないので電気の力は無限のかなたまで働きます。

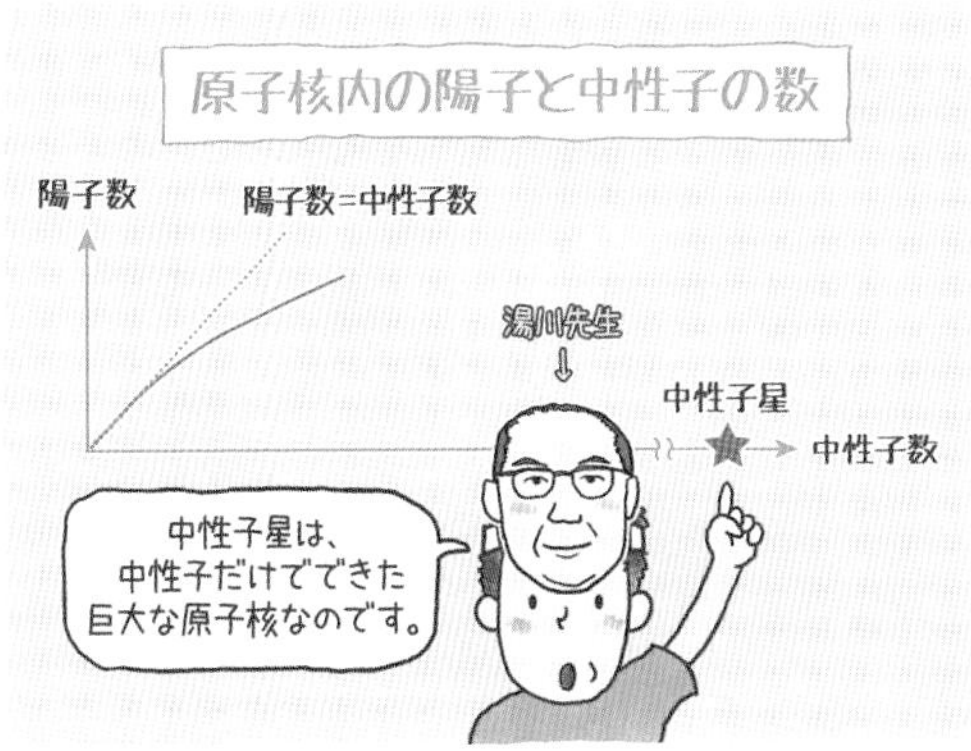

　ですから、中間子が交換できる範囲よりも原子核が大きくなると、範囲外の陽子同士の反発力が効いて、原子核は分裂します。よって図のように原子核はある程度までしか大きいものがつくられないのです。
　ただし、例外があります！　図の中性子の数をずっとずっと多くしたところに、すさまじく多い数の中性子が、なんと「重力の引力でくっついた」巨大な原子核があります。それが超新星爆発の残骸の一つである中性子星です。なんと星です！　6

話でお話しした中性子同士の反発力よりも重力が強くなります。中性子星は中性子だけでできた、巨大な一つの原子核なのです！

中性子星は、半径10キロメートルくらいで、質量は太陽の約0.1倍から2.5倍くらいの天体です。太陽の半径は約70万キロメートルですから、質量は同じくらいなのに、半径が7万倍も小さいわけです（原子が圧縮されて原子核になったわけです。原子の大きさは大体オングストロームで、原子核はフェムトメートルでしたから、5桁、約10万倍小さいこととつじつまが合いますね）。なので、ものすごく密度が高くて、太陽の密度の100兆倍です。それは、この天体が巨大な原子核であるからなのです。

普通の物質は、たとえば、鉛のようにすごく密度が高いように見えても、しょせん、鉛の原子がみっしりと詰まっているだけです。原子は、原子核と電子から構成されていますから、原子核と電子の間に「隙間」があります。一方、中性子星は中性子でできた巨大な原子核ですから、この隙間がなくなったわけです。だからものすごい高密度になっているわけです。

さて、もともと太陽より大きかった天体が、わずか10キロメートルくらいの非常にコンパクトなサイズに圧縮された結果、「角運動量保存の法則」によって非常に高速に回転することになります。フィギュアスケートの選手がスピンをするときに、両手を広げて回り始め、その後両手を胸などの位置にすると、初めはゆっくりだったスピン回転が、手を縮めていくにつれ高速になるのと同じです。

中性子星のスピンする自転の回転周期は0・001秒から30秒くらいです。太陽の自転周期は30日くらい（地球の自転は24時間、木星は10時間くらい）ですから、すごい速さですよね。

猫、見事な着地を決める！

角運動量という言葉が登場しました。これは回転する運動の大きさのようなものです。たとえば、もともと静止していたものが、(力を加えない限り)いきなり回転し始めることはあり得ないですよね。それが角運動量保存の法則の一例です。

ここで、問題です。猫の4本の足を手で持って背中を地面側にして持ち上げ、手を離すと、猫はどうなるでしょう？　近くに猫がいたら実験してみてください(虐待にはなりませんから、ご安心を)。

猫は背中から落ちずに、くるっと回転して足から地面に着地します。あお向けで静止していたにもかかわらず、地面に着地するときには180度回転して下を向いています。これは、静止していたものが、回転をしたわけですから、角運動量保存の法則を破っていませんか⁉　皆さんには、このことをぜひとも考えてみてほしいと思います(答えは後ほど)。

勉強は、自分で悩み、考え抜くことがとても大事です。学校の勉強でも学問の最先端でも一緒です。問題集の答えを見て解き方をテクニックとして覚えるのは、何の意味もありません。そんなの苦痛でしかありません！　勉強が好きになんかなるわけないのです。

ある問題について、1週間悩みに悩んで考え抜いて、時には自分で実験したりして、最後に結論に至った経験は、その答えが間違っていたとしても、人生の貴重な経験になることは間違いありません。私も大学院生時代に3日間かけて一つの積分をしたことがあります。悩み抜いた経験は絶対に忘れません。学者になるのに必須の経験だったように思います。

*この実験は、猫を高所から落としたり、他の動物でやったりしてはいけませんよ。(骨折の危険があります)

【解答】

猫の実際の動きを見ると、まず前脚を体の側に折りたたみ、後脚としっぽを背骨から離れるように広げます。上半身は折りたたまれているので速く回転できますが、下半身は広がっているので回転は遅いです。このため、上半身を右（左）回転すると真下を通り越すところまで回せますが、下半身は左（右）回転を少ししかできず、まだほとんど上向き状態です。

次に、猫は前脚を広げて、後脚としっぽを縮めて折りたたみます。そして、真下より回転しすぎた上半身を左（右）回転させて真下にします。一方、下半身は折りたたんであるので、素早く右（左）回転することができ、全身が真下を向くことができるのです。

角運動量の法則は破れていないように見えますが、明らかに猫は回転したので、どこかで回転運動をする力が加わったはずです。どこだと思いますか？

それは、前脚を広げて、後脚としっぽを折りたたんだところです。猫はこの筋肉の運動で、回転運動を引き起こす力を猫自身に与えたのです。賢いですね。

中性子星からの謎のパルス

地球上で方位磁石を使うと、北と南の方向を知ることができます。それは、地球が磁石のようになっているからです。しかし、地球のN極とS極は、それぞれ北極と南極とは一致していません。地球のN極の位置は日によって数十キロメートルもずれることがあるようですし、毎年移動もしているようです。

ことがあります。そのとき、N極とS極が速い回転をするので、電磁波が方向をくるくる変えながら放出されます。中性子星の自転周期は0・001秒から30秒くらいですから、地球上で観測される電磁波の間隔も同じになるでしょう。

このように短周期で電磁波を発信する天体は「パルサー」と呼ばれます。パルサーの本体は中性子星なのです。パルサーは1967年に初めて発見され（私の生まれた年です！）、今までに約1600個も見つかっています。

パルサーから発せられる電磁波の間隔は、パルサーが回る速さに比例しているはずですから、とても安定しています。海の灯台を遠くから見たときに、光る間隔が一定しているのとよく似ています。だから、パルサーは「宇宙の灯台」とも呼ばれます。

中性子星は、中性子だけでできた星ですから電荷を持たず、光線を発しませんが、このように磁石の回転のような形で発せられる電磁波によって実在が確認されたのです。つまり、普通の星のように望遠鏡で見ることができず、電磁波の信号のみでしか実在を示せないのですね。

パルサーは発見当時、あまりにも正確な電磁波の間隔（パルス！）なので、星ではなくて、文明を持った宇宙人からの信号ではないかとも思われていました。

そういえば、地球からも夜空に向かって、ピピッ、ピピッ、ピピピピピッ……のように、2回のパルス、3回のパルス、5回のパルス……と「素数」回の電磁波を、遠い宇宙に存在するであろう宇宙人に向かって送っていたと思います（素数は1と自分自身でしか割り切れない自然数のことで、文明があれば必ずこの信号の意味がわかるはずです）。

宇宙には数え切れないほどの星があります。地球以外にも生命体がいると思います。ただ、宇宙はあまりにも広い！　銀河系を横切るだけでも光（電磁波）の速さで10万年もかかります。たとえ、素数のパルスを10万年後に宇宙人が受け取ったとしても、人類はまだ生き残っているでしょうかね……。

14話 ニュートリノと宇宙

ニュートリノのお話をしましょう。ニュートリノに関する研究で、２００２年に小柴昌俊先生が、２０１５年の梶田隆章先生がノーベル物理学賞を受賞しました。

ニュートリノには「電子ニュートリノ」「μ（ミュー）ニュートリノ」「τ（タウ）ニュートリノ」の３種類（世代）があって、（現時点では）「素粒子」です。

じつは、私たちの周りはニュートリノで満ちています。宇宙の始まりのビッグバンでできたものや、太陽から、遠い宇宙から、原子力発電所から、じゃんじゃん、私たちのところにやってきています。その数は莫大で、たとえば、太陽からは毎秒十兆個以上、ビッグバンでできたものからは毎秒千兆個以上、一人の人間の体に降りかかっています。

私たちは、ニュートリノの海の中にいるようなものです。でも、そんなにいっぱいあるのに、私たちはニュートリノを感じることができません。人間の体に毎秒千兆個以上もやってきている、このニュートリノ、体の表面にぶつかって跳ね返ったりしません。ほとんど相互作用せず、そのまま、突き抜けちゃうのです。だから、そんなにたくさんの数のニュートリノが突き抜けても、私たちは、それを感じることができないのです。

ニュートリノは、プラスやマイナスの電荷を持たないし、原子核をつくる「強い力」も感じません。ニュートリノは、地球をも楽々と突き抜けちゃう。ニュートリノにとってみたら、私たちも地球もまるでないようなもの、スカスカです。

ニュートリノをちゃんとぶつけて止めようと思ったら、なんと鉛で1光年（光の速さで1年かかる距離、約9兆4607億キロメートル）以上の厚みが必要なのです。

このように、私たちの体をものすごい数のニュートリノが突き抜けていることからもわかるように、宇宙は、ニュートリノで満ちています。

さて、現在の宇宙は、膨張しています。これは、星の観測により、遠い星ほど距離に比例した速さで遠ざかっていることからわかります。

救急車がサイレンを鳴らしながら走っているときに、近付いてくるときは高い音で、遠ざかるときは低い音になりますよね。離れているときは、（音の）波長が伸びるので、低い音になるのです。

これと同じことが、光でも起きます。遠い星から出てくる光を観測すると、（光の）波長が伸びている。だから、星が遠ざかっていること、つまり、宇宙は現在膨張していることがわかるわけです。

また、地上で野球のボールを天空めがけて投げたとき、投げたボールは地球からの重力に引かれて、いずれ落ちてきます。しかし、とても小さな小惑星上で、同じように同じ速さで天空に向かって投げたとしたら、ボールはそのまま宇宙空間に飛んでいってしまうでしょう。

つまり、投げた場所の重力の強さによって、もっと正確にいうと、投げた場所（星）の質量の大きさによって、野球のボールは、戻ってくるか、戻ってこないかが決まるわけです。

同じように、宇宙全体に満ちているニュートリノに質量があって、それが重かったら、宇宙全体の重さが大きくなり、（ボールが地球に引っ張られて帰ってくるように）膨張している宇宙はいずれ収縮します。

しかし、今まで見つかっている「電子ニュートリノ」「μニュートリノ」「τニュートリノ」の三つのニュートリノだけだと、（質量が軽いために）宇宙は膨張しっぱなしであることが、現在の宇宙観測でわかっています。

でも、未知のニュートリノが存在する可能性はあって、それが、宇宙の将来に影響するかもしれません。

ここで、強調したいのは、ものをどんどんどんどん砕いていったら何になるかを研究していくと、宇宙の研究につながるということです。

15話　左巻きのニュートリノ／物質ばかりの宇宙を解く鍵かも

ニュートリノを研究する理由はまだまだあります。

一つは、12種類あるクォークとレプトンの中で、ニュートリノだけが桁違いに軽いのですが、その理由はまだわかっていないことです。その大いなる謎が解けたらノーベル賞を間違いなくもらえるでしょう（たとえば、陽子の質量を動物のサイとすると、電子の質量はハトくらいですが、ニュートリノの質量は、なんとアリより軽いのです）。

次に、ニュートリノが「左巻きしかない」ということです。「原子核」も「電子」も、そして「クォーク」も「レプトン」も「自転」のようなことをしていて、右巻きに回ったり、左巻きに回ったりしています。ニュートリノ以外のものは、右巻きも左巻きもあります。でも、ニュートリノだけは、左巻きしか見つかっていないのです。

さて、それが、そんなに大騒ぎすることかといいますと、そうなのです。大騒ぎすることなのです。

自然界の生物では、たとえば、右巻きばっかりの貝があったりします。もっとミクロには、左巻き（のような）構造しか自然界には存在しない分子もあります（その研究で野依良治先生がノーベル賞を取りました）。

さて、しかし、これらの生物や化学レベルの左右非対称は、進化の過程の環境や偶然が関係したのかもしれず、最も基本的な物理法則として「右」と「左」が本質的に違うわけではないと思われます。その点、ニュートリノとは、まったく違います。左巻きしかないニュートリノに関しては、最も基本的な（素粒子）レベルで、右と左で対称性が破れていることを意味しています。そして、ニュートリノの反物質である「反ニュートリノ」は右巻きしかありません。つまり、ニュートリノの右と左が「なぜ、この宇宙は物質ばかりなのか？」を解く鍵なのかもしれないのです。

他にも、ニュートリノを研究することで面白いことがあります。

その一つは、太陽からやってくるニュートリノです。太陽の光は、太陽中心部の核融合でつくられます。しかし、太陽は、ものすごいプラズマ状態で、太陽の中心部でつくられた光は、電気や磁気との相互作用が激しいので、まっすぐ飛べません。光であるのにもかかわらず、激しくぶつかってぶつかって……太陽の表面まで出てくるのに時間がかかります。どのくらいかかると思います？　参考までに、宇宙空間での光の速さは、秒速約30万キロメートルです。1秒間に地球を7周半もするくらい高速で飛びます。ですから、太陽表面でつくられた光は地球までに、8分ほどで到着します。

じつは、太陽中心部で核融合によってつくられた光が、太陽表面に出てくるまで、なんと数百万年もかかるのです。えー!!　びっくりですよね。今見ている太陽の光って、じつは、はるか昔につくられたものなのです。だから、光学望遠鏡や電波望遠鏡、X線観測衛星（電波もX線も光です）など「光」の観測から得られる（核融合がどのように起きているかなどの）太陽内部の情報については、すご～く昔の太陽のことしかわからないのです。

でも、ニュートリノは、鉛だって素通りしてしまうくらい、ほとんど相互作用をしませんから、太陽のプラズマ状態だってなんのその、2秒くらいで太陽の中心から表面まで出てきてしまいます。

つまり、ニュートリノで太陽を観測することで「今現在の太陽内部の情報」を得られるのです。光を使って観測している限り、得られる太陽内部の情報は数百万年も昔のものですが、ニュートリノでは現在の情報が得られるのです。

宇宙の始まりについても似ています。宇宙の始まりに「物質100億1個」対「反物質100億個」から100億個の光ができたことを以前説明しましたが、この光は現在も観測でき、宇宙全体に広がる「背景放射」と呼ばれます。つまり、背景放射を調べたら宇宙初期の情報がわかるのです。

ところが、宇宙初期は高温のプラズマ状態で、「光」は宇宙空間を（太陽内部のように）まっすぐ飛べません。なんと、まっすぐに飛べるようになるのは、ビッグバンで宇宙が誕生してから38万年もあとで、このとき背景放射が放たれます。つまり、光を使って宇宙を観測する限り、どんなに頑張っても宇宙誕生から38万年より以前を見ることはできません。ところが、ニュートリノがまっすぐに飛べるようになったのは宇宙誕生の約1秒後ですから、ニュートリノで宇宙を見ることができたら誕生直後の情報が得られることになります。

ただ、ビッグバンで生成されたニュートリノについては、あまりにも相互作用が弱すぎて、実際の実験では、まだまだとても「見る」ことはできていません。

16話　水タンクのニュートリノ検出器

岐阜県飛騨市神岡町の山中、地下1キロメートルの場所にニュートリノの検出器「スーパーカミオカンデ」があります。この装置はもともと、おもな目標として「大統一理論」(あとで、改めて説明します) を検証しようとして造られたものだったのですが、今やニュートリノの検出器として世界的に有名です。

ニュートリノの相互作用は非常に弱く、人間の体に毎秒千兆個以上もやってきても、ほとんどそのまま突き抜けてしまいます。しかし、これだけの数があると、人間の体に一生に一度くらいぶつかる可能性があります。ですから、大きな水のタンクを用意したら、人間の一生で1個ぶつかるニュートリノの数が、水のタンクでは (統計的に) 1日数十個に増えます。だから、水のタンクは大きければ大きいほどよいわけです。

スーパーカミオカンデは5万トンの水のタンクです。この水のタンクにニュートリノがやってきて水の分子の中の電子をはじき飛ばすことが、1日に数十回の頻度で起きます。その電子はかなりのスピードを持っていて、水の中で光の速さを超えます (相対性理論では光の速さを超えるものはないというのが大前提なのですが、それは宇宙空間など真空中の話で、水の中など物質中では光の速さを超えても相対性理論と矛盾し

ません)。

そうすると、音速を超えた戦闘機が衝撃波を出すように、電子は衝撃波のような光を出します。これが「チェレンコフ光」と呼ばれるもので、この光を測ることでニュートリノがどの方向からどのくらいのエネルギーを持ってやってきたかがわかるのです。

そして、最も大事なことですが、ニュートリノにも質量があることがスーパーカミオカンデの実験でわかりました。この大発見がノーベル賞につながったのです。

素粒子のクォークとレプトンの中でニュートリノだけが質量を持つのかどうかずっとわかっておらず、スーパーカミオカンデの実験によってやっと質量を持つことが確定したのです(正確には、わかったのは3世代の三つのニュートリノのうち、二つのニュートリノに質量があることだけで、一番軽いニュートリノに質量があるかどうかは、じつは今もわかっていません)。

とくに、１９９８年のスーパーカミオカンデ実験が示したニュートリノの性質は世界中の素粒子物理学者を驚かせました。その前の年に博士号を取ったばかりの私も、この衝撃で、取り組んでいた研究を中断してニュートリノの研究をはじめました。

さて、水のタンクを大きくしたらぶつかってくれるニュートリノが増えます。現在、スーパーカミオカンデの約10倍の大きさを持つハイパーカミオカンデの建設が計画されています。大体スーパーカミオカンデ１００年分のデータを10年で得られるので、新しい発見が期待されます。

17話

特殊相対性理論

多分、世界で一番知られている物理学者はアインシュタインでしょう。「あっかんべー」の写真もよく見ます。相対性理論をつくった人として有名ですね。

相対性理論は二つあります。特殊相対性理論と一般相対性理論です。後者は重力の理論で、使う数学もとても難しいのですが、前者はとても簡単です。中学生で習う「三平方の定理」さえ知っていれば計算もできてしまいます!

まずは、特殊相対性理論の本質を紹介しましょう。原理は簡単。二つだけです。一つは、等速でまっすぐ動くどの人(座標系)から見ても、光の速さは同じで、秒速30万キロメートル*であるという実験事実です。仮定や数学の公理などとは違い、実験の結果です。そして、この「等速」という条件が「特殊」という意味です。

これ、考えてみると、ちょっと不思議なことです。たとえば、「時速300キロ」で走っている新幹線の屋根の上に、野球の投手が立っていたとして(危ないけれど……)、進行方向に「時速150キロ」の剛速球を投げました。捕手が同じ新幹線の屋根の上にいたら、その球は捕手にとっては「時速150キロ」ですが、線路脇で座っている捕手にとっては「時速150キロ+時速300キロ=時速450キロ」に見えるはずです。そうですよね。

ところが、光の速さはそうではないといっているのです! その新幹線上の投手が、懐中電灯を持っていて進行方向に向けて電灯をつけた（光を進行方向に走らせた）。その場合、屋根上の捕手には電灯から来た光の速さは「秒速30万キロ」に見えます。これはよいとしますが、一方の線路脇で座って待っている捕手に、光の速さがどう見えるかというと、「秒速30万キロ＋時速３００キロ」となりそうなのに、測定すると「秒速30万キロ」なのです！

どの座標系で見ても、光の速さは、決して足されたり引かれたりせずに、同じスピードなのです。不思議だけれど、この世の中はそういうふうにできているのです。

注意したいのは、これは、理論的要請ではなくって、あくまで実験事実ということです。この実験事実が出たとき、物理学者たちはすごく混乱しました。そして、アインシュタインが特殊相対性理論を提唱して解決されたのです。

じつは、相対性理論で計算すると、線路脇の捕手が受けるボールのスピードは時速４５０キロメートルではなくて、ほんの少しだけ遅いことがわかります。ただし、時速４４９・９９９

＊　正確には、秒速29万９７９２・４５８キロメートルですが、以下簡単のため30万キロメートルとします。

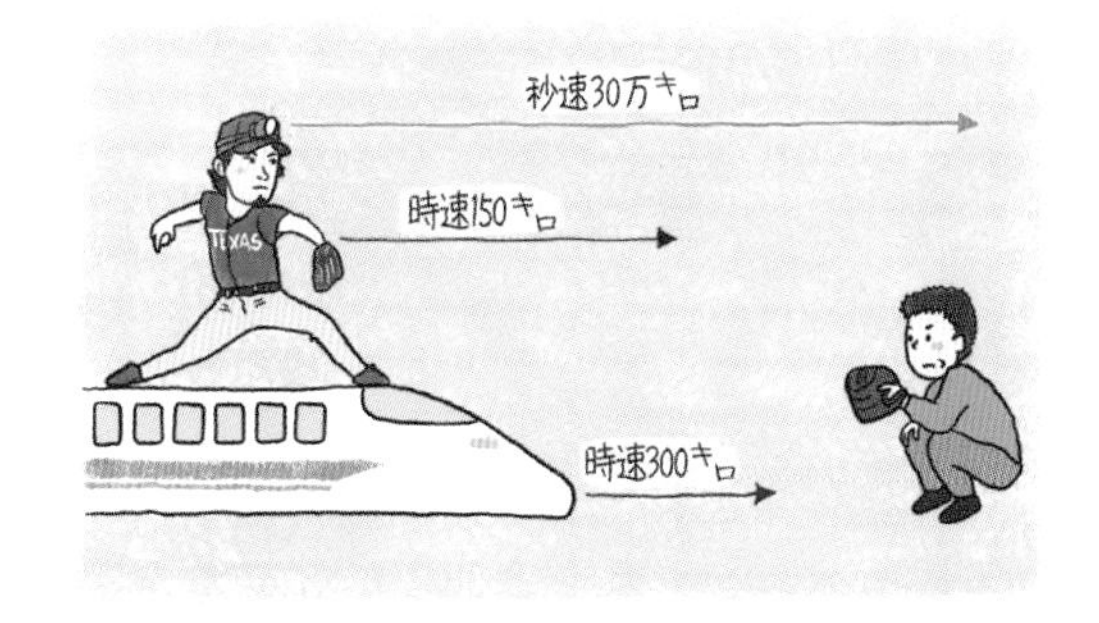

9……キロメートルと「9」が11桁も続くくらいのずれで、普段は無視しても構わないので、時速450キロメートルというのはとてもよい近似です（でも真実ではありません！）。

特殊相対性理論の二つ目の原理は「一定の速さで動くどの人（座標系）から見ても、物理の現象は変わらない」です。

物理現象が変わるのは加速度がある場合で「一般相対性理論」になります。加速度は、たとえば、電車の出発時を考えてください。スピードが徐々に上がるスタート時では、「おっとっと」と進行方向と反対によろけてしまいます。一方、出発してしばらく経って電車が一定のスピードになると、速度が一定になり（加速度がなくなり）、止まっているときと同じように安定して立っていられます。このように加速度の有無で、よろける／よろけないという（物理）現象が違ってきますね。

さて、特殊相対性理論のこの二つ目の原理について説明します。中学の理科や高校の物理で、電線に電流を流すと、その周りに（電流を流す方向に対して右回りに）磁力が起きる、と習いますね。「右ねじの法則」です。

ここで注意すべきは「電気が流れなかったら磁力は起きない」ということ。もし、電荷（プラスかマイナスの電気）が止まっていたら、電気はあっても、電気の流れである「電流」はないわけですから、「右ねじの法則」は使えません。ねじというのはねじを回しながら進む方向があるはずで、止まっていて進む方向がなければ「右ねじの方向」という言葉自体に意味がないわけです。

さて、実際に電線に電流を流すと、電線の近くに置いた方位磁石は、電流で生じた磁力の影響を受けて、本来北と南を指すはずの位置からずれた方向を指します。この現象は、方位磁石の横でじっと座って見ている人から見ても、「何してるのこの人?」と不審に思いながら方位磁石の横を歩いて通り過ぎる人から見ても変わらないはずです。どんな人から見ても電線の横に置いた方位磁石が示す方向は一緒のはずです。当たり前ですよね。

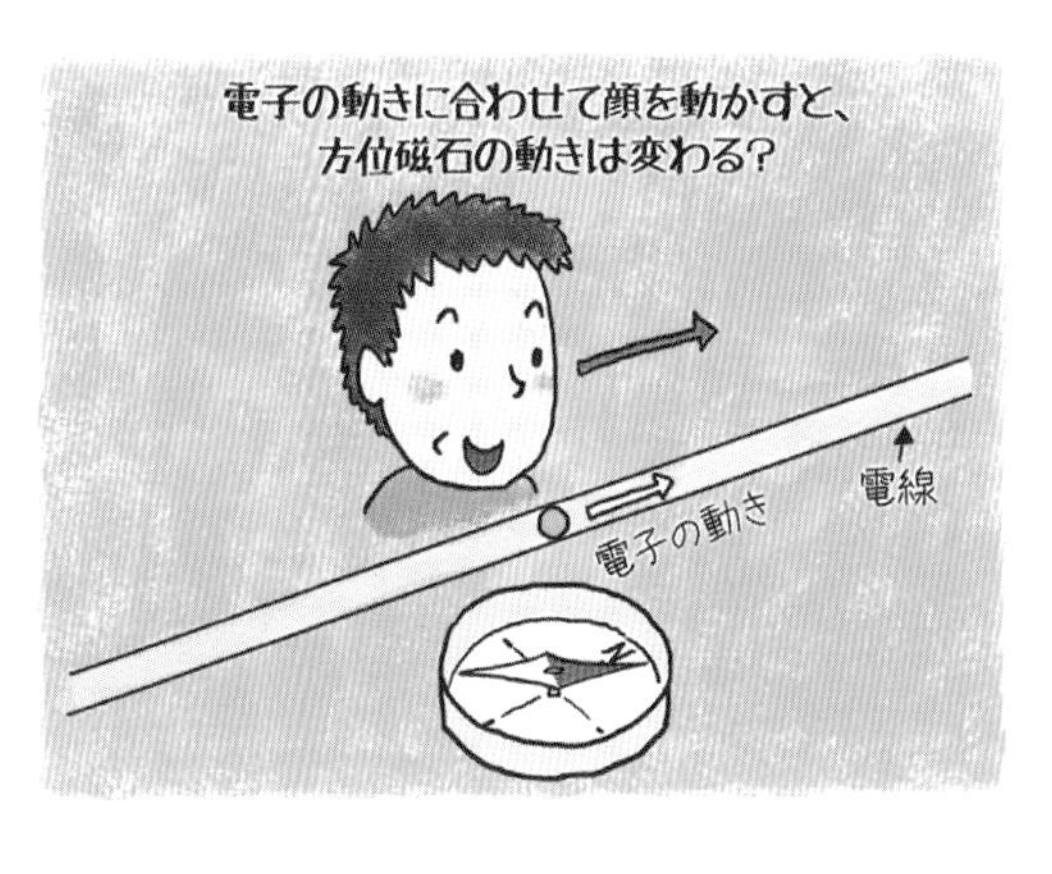

電子の動きに合わせて顔を動かすと、
方位磁石の動きは変わる?
電線
電子の動き
N

でも、少し考えるとよくわからなくなります。

まず、電線に電流が流れるとは本質的にどういうことか考えましょう。「電流が流れる」というのは、「電線の中を電子が移動している」状態のことです。では、電線の中の電子の移動って、どのくらいのスピードだと思いますか?

じつは、毎秒5ミリメートルくらいです。じつにゆっくりです。では、考えてみてください。電線の方向に沿って、毎秒5ミリメートルの速さで自分も顔を動かします。そうすると、自分にとっては、電子は止まったままですよね。つまり、動いている自分から見たら電子(電気)は止まっていますから、電流は流れていません。電流が流れなかったら、「磁力」はつくられませんから、電線の横に置いた方位磁石を横切るときに、方位磁石は本来指すべき北と南を示すはずです。

つまり、「右ねじの法則」を信じるなら、顔をどう動かすかで、方位磁石の指す向きが変わるはずなのです。ところが、やってみると、自分がどう動こうが、当たり前ですが、方位磁石の指す向きは変わりません。「(同じ速さで動く)どの人(座標系)から見ても、物理の現象は変わらない」わけです。これが、特殊相対性理論の第二の原理です。

中学や高校で理科や物理を勉強している人には衝撃ですよね。もしかして電磁気学が間違っているのでしょうか?

じつは、顔の動かし方で方位磁石が変わるような結論が出てしまったのは、ニュートン力学を使っていたからです。電磁気学とニュートン力学が矛盾していたのです。電磁気学は間違っておらず、修正すべきはニュートン力学のほうで、それは特殊相対性理論として修正されなくてはならないのです。

特殊相対性理論で、「電気力」と「磁力」は、止まっている人と動いている人とでは、違ってきます。秒速5ミリメートルで動く人は、「磁力」を感じなくなったとしても、電線や方位磁石内の電子の密集具合が変わってきて、方位磁石は電線から「電気力」を受けます。その結果、電線の横に置いた方位磁石が指す方向は、止まっている人から見るのと同じになるのです。

つまり、「電気力」と「磁力」は別々の力ではなく、「電磁力」という統一された力であって、見る人によって「電気力」に見えたり「磁力」に見えたりするのです。

18話

「時間の遅れ」で長生きに

「電気力」と「磁力」が、動いている人から見ると混じり合うように、止まっている人にとっての「時間」と「空間」も、動いている人から見ると混じり合います。その結果、動いている人の時間は止まっている人の時間に比べて遅く進みます。

仮想的な時計を考えます。図Aを見てください。その時計は鏡を向かい合わせにしたものです。光がその鏡を1往復すると、振り子時計の振り子が往復して1秒を刻むのと同じように、ある時間間隔〝1ビョウ〟を刻みます。

さて、この時計をロケットに載せます。そうすると、ロケットが動いているので、「ロケットの外で見ている人」からは、図Bのように、上下の鏡に向かう光は斜めに見えます（＝直線が長くなっている）。一方で光の速度は不変だから、線が長くなっているぶん（光が長く進んでいるので）、光が鏡を1往復して、ロケット内の時計が〝1ビョウ〟を刻む時間は、「ロケットの外で見ている人」からは、〝1ビョウ〟より長くかかってしまいます。

つまり、ロケットの中の時計は「ロケットの外で見ている人」から見ると、ゆっくり時を刻んで見える（＝時間が遅れる）わけです。詳しい計算は、中学生で習う数学「三平方の定理」を使うだけです。

この時間の遅れ方ですが、ロケットの速さをどんどん速くしていくと、図Bから図Cのように、上下の鏡に向かう光がどんどん斜めになり、どんどん直線の距離が長くなっていきます。ということは、ロケットを速くすればするだけ〝1ビョウ〟を刻む時間間隔が長くなり、時間がどんどん遅れるということになります。ロケットが光速に近付くほど時計の遅れは顕著になるわけです。

たとえば、ロケットの速さが光速の80％まで速くなると、ロケットの中の時計は「ロケットの外で見ている人」から見ると、約1・67倍ゆっくりになります。つまり、ロケットの外で見ている人の時計が1・67秒経ったときにロケット内の時計は1秒経ちます。確かに時間の進み方は遅れていますよね。

ロケットの速さを光速の90％にしたら、時間の遅れは約2・29倍、99％にしたら約7・09倍、99・9％にしたら約22・37倍時間が遅れます。つまり、光速の99・9％の速さのロケットに乗ったら時間の進み具合は大体22倍遅れるわけですから、ロケットの中と外で同時に生まれた子どもがいたとして、ロケット

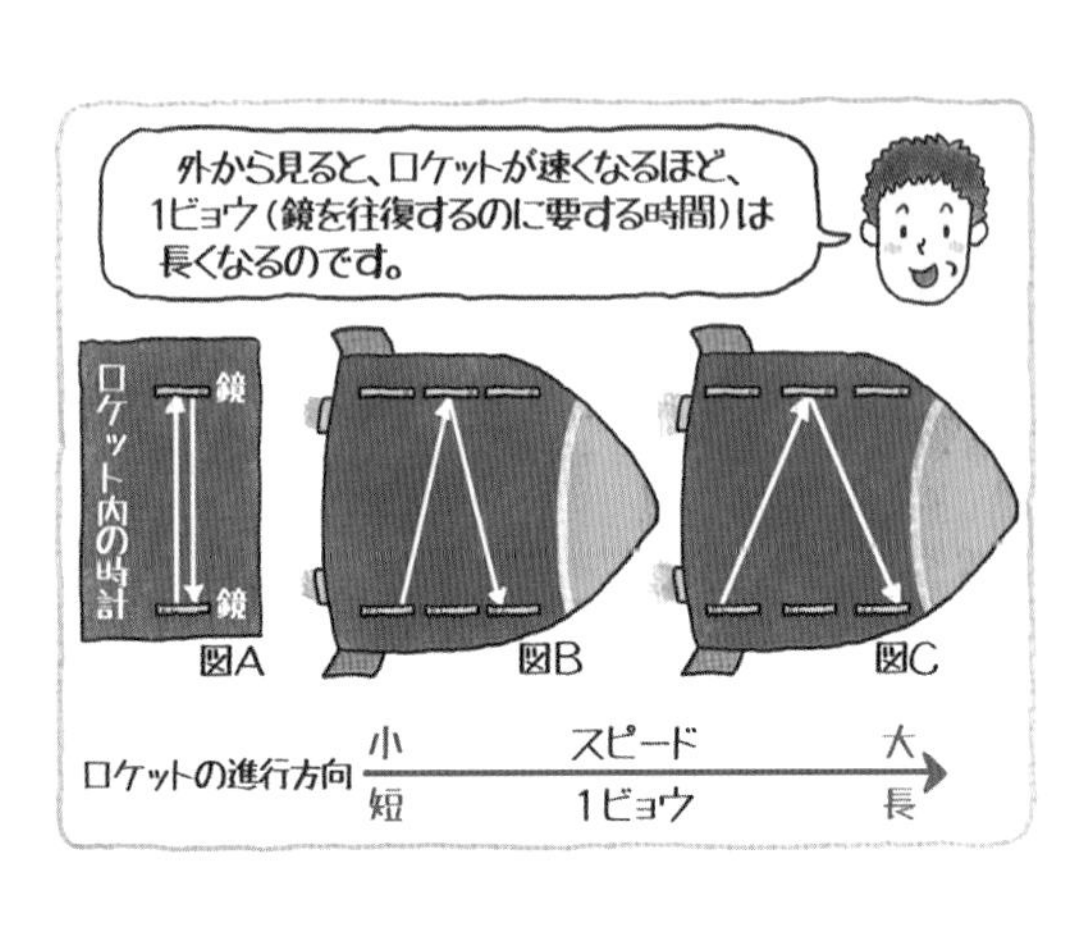

外の子どもが22歳になったときにロケット内の子どもはやっと1歳になるわけですね。

はたして本当でしょうか？　物理は自然科学ですから、どんなに美しい理論でも実験と矛盾していたら、それはダメです。実験で確かめられなくてはいけません。

レプトンにμ（ミュー）粒子がありました。μ粒子は上空10～20キロメートルで、宇宙線（太陽や宇宙空間から

やってくる高エネルギーの原子核や素粒子）が空気と衝突することで生成され、地上に降り注いでいます。放射線を測るガイガーカウンターを手に持っていたら、ピッピピッピと鳴って放射線が身近にあることがわかりますが、上空から来るμ粒子はその中の多くを占めます。

さて、このμ粒子ですが、止まった状態だと約0・000022秒で電子とμニュートリノと反電子ニュートリノに崩壊してしまいます。そうすると、μ粒子が光の速さで飛んだとしても660メートルくらいしか生きていられません。あれ？　さっき上空10～20キロメートルでから降ってくるμ粒子が地上でじゃんじゃん観測されるといいましたよね。矛盾していますよね。

じつは、これこそが、相対性理論の時間の遅れの効果が実際に起きていることの証明なのです。μ粒子は光速に近い速さで飛んできます。ですから、μ粒子さんの時計は私たちの時計に比べて遅れて進みます。前ページで書いたように、光速の99・9％で動いている人の時計は約22倍もゆっくり進みます。そうすると、660メートルの22倍が14・5キロメートルですから、大気圏で生成されたμ粒子さんは、「時間の遅れ」のおかげで地上に届くまで生きていられるのです。

もしかしたら、浦島太郎は光速に近いスピードの亀型ロケットに乗って、竜宮城という名のどこかの星に行ったので、地球に帰ってきたら何百年も経ってしまったのかもしれませんね（ＳＦではウラシマ効果と呼ばれています）。

今までは、ロケットの中の時計が、ロケットの外の人から見たらどうなのかをお話ししてきました。

ここで反対に、「ロケットの外」にまったく同じ、２枚の鏡を使った仮想的な時計を設置することを考えてみます。そして、今度はロケットの中の人の視点で、ロケットの外に設置した時計の進み方を見てみましょう。ロケット内の人は、自分は止まっていると感じています。すると、ロケットの外の時計は、ロケットの進行方向と反対向きに動いているように見えるはずです。そして、その時計は、（ロケットの外からロケット内の時計を見たときとまったく同じように）ゆっくりと時を刻むはずです。そうです、ロケット内の人から見たら、ロケットの外の時間が遅れます。つまり、互いの時計が遅れ合うのです！

不思議な感じを受けますよね。私たちの感覚では、時間は「絶対的」なものですべての人に均等に流れていると思いますよね。でも違うのです。動いているスピードの違う人ごとに、違う時間がそれぞれの人に「相対的」に流れているのです。「お互いに遅れ合う時間」「どの（同じ速さで動く）人から見ても時間は遅れ合う」。まさに「相対的」です。相対性理論なのです。

でも、そうすると、浦島太郎の話は、どうなのでしょう？　浦島太郎の時間の遅れは私たちからの遅れであって、浦島太郎にとっては、私たちの時間が遅れていたはずです。あれれ？

じつは、実際のロケットでどこかに行って帰ってくるときには、まず、ロケットを加速しないといけないし、Uターンするときに向きを変えないといけない、そして、地球に降り立つときに、また減速しないといけません。それらは、すべて、加速度がかかります。

これまでの話は「特殊相対性理論」で、それは「等速で動くどの人から見ても光の速さと物理現象が同じ」という原理からスタートした理論の帰結でした。ですので、実際のロケットを考える場合は、加速もあるし、地球からの重力の効果（加速に相当します）も考えないといけなくなります。

というわけで、ウラシマ効果を計算するには「特殊相対性理論」では足りません。加速度のある人から見た話をするには、「一般相対性理論」の世界へと一歩進む必要があります。

さて、ロケットを光速に近付ければ近付けるほど、ロケットの時計が遅れるわけですが、もし、ロケットが完全に光速になれたら、どうなるでしょうか？（極限を考えてみるのは、科学者としてとても大事なセンスです。）

鏡の時計を思い出しましょう。ロケットが速くなればなるほど、鏡の時計の光が上下にいく道筋がどんどん長くなり、その結果、光が鏡を一往復するのに時間がかかり、時計の進み方が遅くなりました。

そうすると、ロケットが光速になってしまうと、もはや、鏡の間を光が往復することができなくなってしまいます。そうなのです、光さんは、時間というものを知らないのです！　光さんにとっては、時間は永遠に経たず、ビッグバンで生まれた光は、今もそのまま時間というものをまったく知らずに、生き残っているのですね（時間がまったく経過してないから「生きている」といってよいのかわかりませんが）。不思議な感じがしますよね。

じつは、ロケット内の物の質量も同じ割合で、ロケット外の人からは増えることが、相対性理論から導かれます。ロケット外の体重計で量ることができたら、ロケット内の物（ロケット自体もですが）の重さが増えるのです。

たとえば、ロケットが光の速さの99・9％で飛んでいたら、ロケット内の時計が約22・37倍ゆっくりになったように、ロケット内にいる宇宙飛行士の体重も約22・37倍増えて見えるのです。体重が70キログラムの宇宙飛行士だったら、なんと体重は約１５６５・９キロ！　およそ1.6トンです！　これも「相対的」で、互いの体重が増えて見えるのです。

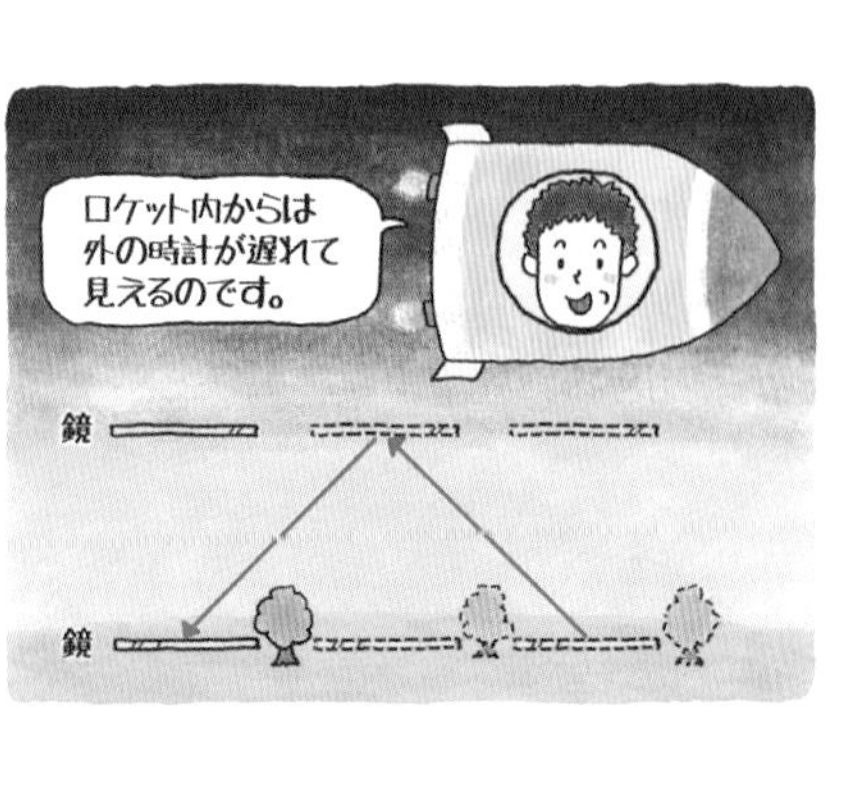

そして、ロケットが光速に近付けは近付くほど、時間が遅れたのとまったく同じように、体重もどんどん増えていきます。そして、もしロケットが光速になったら、時間がまったく経過しなかったように、質量は無限大になります。これは、あり得ないことを意味します。無限大の質量を持ったものはもはやどんなに力をかけて動かそうとしても絶対に動きませんよね。だって無限に重いのですから。

ということは、「質量を持つものは、絶対に光の速さにはなれない」ということです。どんなに加速器で加速しても、光速の９９・９９９９……％まではスピードを上げられても、質量を持つ粒子はどんどん質量が重くなっていってしまい、絶対に光速にはなれないのです。

それは、逆にいうと、「質量を持たないものは必ず光速でしか飛ばない」ということです。

19話 人によって見える世界が違う

ものを見るとは、そのものに屋外なら太陽光、室内なら電灯の光が当たり、跳ね返って「ある時刻に」目に届くから見えるわけです（さらにいうと、その光は電磁力によって視神経から脳に伝わり、脳が「見えた」と判断するのですね）。

進んでいるロケットを考えます。ロケットの真ん中に乗っているAさんは、ロケットの先端Bから来た光と最後尾Cから来た光は、同時刻にやって来ますから、ロケットの長さはB～Cです。これは、本来のロケットの長さです。当たり前ですね。次に、ロケットの外からその様子を見ている人を考えましょう。ロケットは動いていますから、ロケットの最後尾CからAさんに届く前に、先端Bから来る光が先にAさんに到着してしまいます。つまり、Aさんには、BとCから同時に発射された光ではなくて、Cから少し前（Bから少しあと）に発射された光が、同時刻に到着するように見えます。

人は、同時刻に届いた光によって「長さ」を判断します。だから、外から見ている人が見るロケットの長さは、B～Cよりも短くなります。つまり、ロケットが縮んで見えるわけです。

あの星たちは「今の瞬間」は
もう光っていないのかもしれない…

どのくらい縮んで見えるかは、簡単な数学で計算できて、時間が

遅くなる倍率と同じになります。光速の90％の速さで飛ぶロケットの長さは、止まって見ている人からは半分以下に見えますし、光速の99・9％の速さのロケットになると、約22分の1の長さに見えます。22メートルの長さのロケットがわずか1メートルくらいに見えるわけです。

以前お話ししたように、運動が相対的なものこそが「相対性理論」ですから、ロケットの人が、川に架かる橋を見たら、橋の長さは縮んで見えます。互いに縮んで見えるのです！ 相対的ですね。

もし、ロケットが光速で飛んだとすると、時間の進み方が無限に遅くなった（つまり時間が経たない）ように、ロケットの長さはゼロになります！ これはあり得ないことですよね。だから、ロケットなどはどんなに加速しても絶対に光速に行き着くことができないわけです。

ここで大切なのは、「同時刻というものが、止まっている人と動いている人では違う」という事実です。ロケットの外の人にとって、ロケットの先端と最後尾からAさんにやって来る光は、ロケットの中の人にとっては違う時刻に発せられたものでした。つまり、動いている人と、止まっている人とでは、同じ時刻に起きたと思っているものが違うのです。

そして重要なのは、この縮みが「光の速さが無限大ではないことの帰結」であることです。もしも光の速さが無限大なら、「そこに何かがある」という情報は瞬時に私たちに伝わってきます。ロケットの先端と最後尾の位置の情報は瞬時に伝わってくるので、ロケットが動いていようがいまいが、ロケットの長さは同じに決まっていますよね。

光の速さは、1秒間に地球の周りを7周半もするくらい速いので、私たちは無限に速いと感じます。

しかし、じつは、光の速さは有限です。

今、私たちは、夜空にいろいろな星座を見ることができます。ひしゃくの形の北斗七星だったり、サソリの形のさそり座だったりします。私たちは今現在、北斗七星の七つの星たちは、ひしゃくの形の配列をしていると思っています。当たり前ですね。だって、私たちの同時刻でそう見えるのですから。光が無限大に速ければ、確かにその通りですが、実際は光の速さは有限です。光は、私たちにとってはすごい速さで、無限大に感じたとしても、宇宙のスケールで見たら、そんなに速くありません。太陽の隣の恒星まで光の速さで4年以上もかかりますし、私たちのいる天の川銀河の直径は光の速さで約10万年もかかるほどです。宇宙のスケールで見たら全然速くないですよね。

ですから、北斗七星の七つの星たちは、それぞれ違う時刻に出した光が、たまたま現在の地球で見ている私たちの同時刻にたどり着いただけで、「今の瞬間」では七つの星のいくつかはとっくに光るのをやめているかもしれません。「今の瞬間」といいましたが、それは、宇宙空間全体の情報を無限大のスピードで見渡すことのできる神様の視点があればという意味であって、実際にそんな観測を私たちはできませんから（光の速さより速いスピードはないから）、七つの星たちの「今の瞬間」の情報を私たちは知る由もないのです。

もしも光速が無限大なら、私たちが見たそのままの世界が「今の瞬間の」世界ですが、光速が有限であるがために、私たちが見ている世界と「今の瞬間の」世界には、ずれがあるのです。私たちが見ている世界は正確な現実ではないと思うとすごく不思議な気持ちになりますよね。

20話

誰から見ても変わらない量

見る人によって時間が遅れたり質量が増えることは、すべて実験で確かめられている観測事実であって、机上の空論ではありません。どうです、この宇宙は思っていたより不思議な世界ではありませんか⁉

「時間」と「空間」は、止まっている人と動いている人では、違っています。動いている人の「時間」と「空間」は、止まっている人にとっての「時間」と「空間」が混じったものになります。そうしないと、どの人から見ても光の速さが同じにならないのですね。「時間」と「空間」が混じるというと、何だかとても奇妙な気がするかもしれません。それでは、止まっている人と動いている人で、

「縦・横・高さ」の長さは混じり合うのです！

変わらない量はないのでしょうか？　混じり合いは無茶苦茶で、規則性はないのでしょうか？

じつは、誰から見ても変わらない量があります。「時間」と「空間」が混じっても、誰から見ても「(光速×時間)の2乗－空間の長さの2乗」は、変わりません。少し奇妙な式に見えますね。

「長さ」について、たとえば、一つの棒があったときに、それを立って見たときと横に寝転んで見たとき、逆立ちして見たときで、棒の長さは変わらないはずです。

これは、3次元空間で回転をしても棒の長さは変わらないということです。

当たり前ですよね。チアリーダーがくるくる回すバトンの長さは、回転の途中で変わらないですよね。このとき、「縦・横・高さ」のそれぞれの長さは棒の回転とともに変わります。たとえば、直立した（とても細い）棒を、真上から見たら「縦＝0、横＝0、高さ＝棒の長さ」ですが、視点を真上から少しずらして斜めから見たら、高さが減るかわりに縦や横がゼロではなくなります。つまり、「縦・横・高さ」の長さは「混じり合い」ます。

でも、「縦の長さの2乗＋横の長さの2乗＋高さの長さの2乗＝棒の長さの2乗」はどんな回転をしても変わりません。この量が「棒の長さの2乗」ですから、孫悟空の如意棒（にょいぼう）じゃなかったら回転しても長さが変わらないのは、当たり前です。これは、3次元空間での回転で「混じり合いがあっても変わらない量」です。

それに相当するのが、「（光速×時間）の2乗−空間の長さの2乗」なのです。「時間」と「空間」が混じっても、止まっている人、動いている人、誰から見ても変わらない量なのです。

このことは、「電気力」と「磁力」を分けて考えてはいけないように、「時間」と「空間」も分けて考えてはいけないということを意味します。

そうすると、宇宙の始まりが「空間」の始まりであったなら、それは「時間」の始まりでもあるのです。よいでしょうか？　宇宙の始まる前には、「時間」もなかったのです。「時間」は「空間」と一緒に始まったのです。だから、「宇宙が始まる前」という言葉自体に意味がないのです。

宇宙はビッグバンで誕生しました。私たちがイメージするのは、何かすごい爆発のようなものですよね。「時間」は別に流れていて、神様がいて、宇宙の3次元空間を、箱庭をつくるようなイメージでつくった、ビッグバンはそんなイメージだと思います。でも、そうではないのです。「時間」は「空間」と一緒に始まったのです。

この混じり合いは、「エネルギー」と「運動量」にも起きます。止まっている人にとっての「エネルギー」は、動いている人から見ると、「エネルギー」と「運動量」が混じり合ったものに見えます。そのように混じり合わないと、「どの人から見ても光の速さが同じ、かつ、物理現象が同じ」にはならないのです。

そして、「時間」と「空間」が混じっても、誰から見ても「(光速×時間)の2乗−空間の長さの2乗」が変わらなかったように、「エネルギーの2乗−(運動量×光速)の2乗」は誰から見ても変わりません。そして、その変わらない量が、「(質量×光速の2乗)の2乗」です。

「エネルギーの2乗−(運動量×光速)の2乗=(質量×光速の2乗)の2乗」という式の「2乗」に注意してください。たとえば「$X^2=4$」を満たすXは、+2と、−2の二つあります。相対性理論のこの式にもプラスとマイナスのエネルギーの二つがあります。プラスのエネルギーが物質、マイナスのエネルギーが反物質に対応します。量子力学では、マイナスのエネルギーを持った反物質は、「時間を逆行する物質と等価」なのです。

ここで、静止している物質を考えましょう。「静止している=運動量はゼロ」ですから、「エネルギーの2乗＝（質量×光速の2乗）の2乗」になります。たとえば「X^2＝4」を満たすXは、+2と−2のうち（+2を選ぶように）プラスの解を選ぶと、この式は「エネルギー＝質量×光速の2乗」になり、有名な「$E = mc^2$」が得られます。物質の質量はエネルギーに等しいという式ですね。

一方、（−2を選ぶように）マイナスの解は、反物質に対応します。

また、光は質量がないので、「質量＝ゼロ」ですから、「エネルギーの2乗＝（運動量×光速）の2乗」になります。すると、（X^2＝4→X＝±2のように）「エネルギー＝プラスマイナス運動量×光」になります。（説明はここではできませんが）光は、反物質に対応する「反光」が「光」自身（光＝反光）になるので、プラスとマイナスの符号には意味がなくて「エネルギー＝運動量×光速」とプラスの解を選んでも一般性を失いません（そもそも運動量の符号は座標の向きによりますから、運動量がプラスになる向きを考えたと思ってもよいです）。

光のこの式は、高校物理の光電効果などで習い、大学受験のためにわけもわからず暗記しなくてはいけない公式です（私も嫌な思い出です）が、出所はここだったのです。

21話　一般相対性理論／加速度（重力）考慮し再構築

今まで見てきたのは、等速で動く人から見た「特殊相対性理論」でした。周りに星がないような宇宙空間で、もし加速度がなければ、どうでしょう？　どちらが動いているのか判別できないことに気が付きますか？　どちらが止まっているか、動いているかは、まったく判別できません。というか、それは完全に「相対的」であって、止まっているという基準がもはやないのです。誰に比べて動いているか、止まっているかは相対的なものになります。

さて、加速度があると事態はまったく変わってきます。たとえば、電車のスタート時には進行方向の加速度のために、反対の向きに慣性力が生じ、よろけます。止まっている人は、そのような、よろめかされる（慣性）力は受けませんが、電車に乗っている人は（慣性）力を受けるので、両者の物理現象はまったく違い、完全に区別できます。

でも、時速80キロメートルの一定スピードで走る電車に乗っている人と、それを河原で眺めている人では、電車に乗っている人が明らかに動いていますよね。それは、電車はどうしても小刻みな振動（加速度）があるし、細かいカーブもあるからです（加速度は速度の変化のことですから、カーブがあると速さが一定であったとしても、速度の方向が変わりますから加速度が生じることになります）。そして、仮に、それらを排除できる電車をつくったとしても、地球の重力があります。

加速度の反対向きに生じる慣性力は重力と似ています。Ｆ１のドライバーがヘアピン・カーブで受ける慣性力は地球の重力の4倍（4G（ジー）といいます）くらいと聞きます。ロケットの発射時には宇宙飛行士は加速度により重力の何倍もの力を受けます。加速度を重力の単位Gで書くことからもわかるように、加速度は重力と似ているのです。そして、それらが等価だとするのが一般相対論です。加速度のある現象では、特殊相対論は使えません。そこでアインシュタインは、特殊相対論から約10年後に「一般相対性理論」を構築しました。

特殊相対性理論が中学生でも計算可能な簡単な数学で事足りたのとは対照的に、一般相対性理論はとても難しい数学を必要とします。一般相対性理論の方程式は、アインシュタイン方程式といいます。これは、エネルギーや質量があると、周りの時間と空間がゆがむという方程式です。それだけ聞いてもいかにも難しそうですよね。

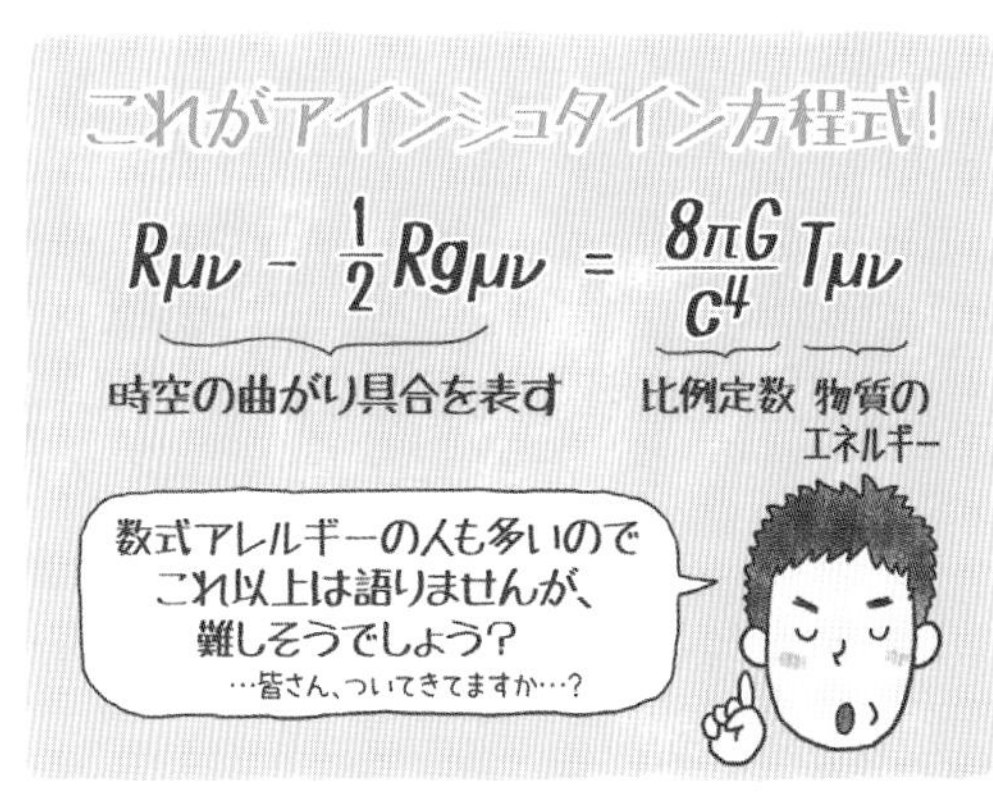

22話 時間もゆがむブラックホール

アインシュタイン方程式は、重力を記述できる理論です。私たちは学校で、重力は「万有引力の法則」として習います。これはニュートン力学による帰結です。これとアインシュタイン方程式は何が違うのでしょうか？

ニュートン力学の万有引力の法則は「重力は、質量があるもの同士に働き、その強さは、互いの質量に比例して距離の2乗に反比例する」というものです。これは、重力の性質、たとえば、太陽の質量が倍になったら地球が太陽から受ける重力の強さも倍になり、太陽と地球の距離が2倍遠くなったら、重力は4分の1に小さくなるなどを示しているだけで、重力が何によって伝わるのかについては一切触れていません。その結果、太陽と地球の間に働く重力は瞬時に伝わると考えます。

しかし、これは今までお話ししてきた相対性理論の原理「光速より速いものはない」と矛盾しますよね。重力（の伝わり方）だって何だって、この世には光速を超える速さはあってはいけないのです。たとえば、地球から5光年先の星で競馬が行われていたとして、どの馬が勝ったかを地球人が知るのは、どんな手段を使っても5年かかります。だから、ニュートン力学は相対性理論とは矛盾しています。

そこで、アインシュタイン方程式の出番です。これは微分方程式です。（「ビブンホウテイシキ」なんて言葉が出てくると拒否反応を起こしてしまう人がたくさんおられると思いますが）微分方程式というのは、空間（時間）的にある地点（時刻）からごくごく近傍がどうなっているかを記述するものです（万有引力の法則は微分方程式ではありません）。

地球が太陽から受ける（重力による）引力をアインシュタイン方程式で考えましょう。イメージとしてトランポリンを想像してみてください。誰も乗っていないときは平らなトランポリンも誰かが乗ったらその周りはゆがみます。その場合、トランポリンの縁に置いたピンポン球はコロコロっと乗っている人のところへ近付きます。人を太陽に、ピンポン球を地球に、トランポリンを宇宙空間に置き換えてみてください。それこそが、重力の引力のイメージです。

つまり、太陽があることで周りの空間が「徐々に」ゆがんでいきます。これこそが微分方程式の帰結で、ニュートン力学による万有引力の法則とは違う点です。トランポリンの上で跳びはねたらトランポリンも振動するでしょう。それが２０１６年に初観測が発表されて新聞でもトップニュースになった重力波です。

重力波は、重力による空間のゆがみが徐々に伝わる現象のことで、アインシュタイン方程式の帰結です。重力がどのように伝わるかについて何もいわないニュートン力学では決して出てこないのですね。アインシュタイン方程式が提唱されて１００年間、物理学者たちはずっとこの重力波を発見しようとしてついに見つかったのです。

アインシュタイン方程式は、質量（エネルギー）があると、周りの空間（と時間も！）がゆがむことを語っています。ニュートン力学では重力がどうやって伝わるのかは一切不明でしたが、それとは違い、重力が伝わる仕組みを説明してくれています。

時間もゆがむというのは、よくわかりませんよね。私たちは普段地球の重力の中で生活しています。地球の上に立っているのは、地球が私たちを重力で引っ張っているからですが、これは、トランポリンの上では乗った人の周りがへこむように、地球が周りの空間をゆがめているせいです。でも、時間のゆがみを感じることはありませんよね。

空間や時間のゆがみを私たちが普段感じないのは、地球の重力（質量）がそんなにも強く（大きく）ないからです。では、ものすごく強い（大きい）重力（質量）を持つものだったら、そのゆがみを感じられるかもしれません。そんなものが、あるでしょうか？

一つのよい例が、ブラックホールです。ブラックホールは、アインシュタイン方程式から予言される非常に質量の大きい天体です。質量が大きいので、周りの空間のゆがみがとても大きくなります（正確には、ブラックホールになるための条件に質量の下限はありません。たとえば、地球を数ミリメートルまで小さくしたらブラックホールになりますし、人間だって原子核よりもずっと小さくしたらブラックホールになります）。そして、ゆがみが大きくなりすぎて光が脱出できなくなります。重力が強くなりすぎて、光が重力で引っ張られてブラックホールから脱出できないと考えてもよいでしょう。

私たちが普通にジャンプしただけでは、地球の重力が強くて宇宙空間に脱出できないのと一緒です

（とても小さな小惑星からジャンプしたなら簡単に宇宙空間に脱出できるでしょう。それは小惑星の質量が小さくて重力が弱いからですね）。

ブラックホールからは光が出てこられないので、私たちはいくら精度のよい望遠鏡で観測しても、真っ暗な穴としてしか見えません。だから、真っ暗な穴「ブラック・ホール」という名前が付けられているのです。

そして、ブラックホールでは、空間だけでなく時間も大きくゆがみます。ブラックホールに落ちていく人がいたとしたら、その人にとって落ちるのは一瞬であっても、それを遠くから眺めている人からみたら、時計の針の進み方がどんどん遅れて、ついには静止してしまうように見えます。落ちるのに、永遠の時間がかかるのです。これは、時間がゆがんで時計の進み方が遅くなるからなのです。

重力があれば、それがどんなに弱いものでも時間はつねにゆがみます。地球の重力はブラックホールほど強くありませんが、地球上でも、ものすごーく正確な時計で測ると、地球の重力の効果で時間が遅れることが実際に実験で確かめられています。*

＊　地面に近いほど重力はほんの少し強くなり、時間の進み方は（１ｍにつき10のマイナス16乗秒くらい）遅くなります。このことは光格子時計という超高精度原子時計により測定されています。

23話

光のルートを曲げる重力レンズ

アインシュタイン方程式の帰結である重力レンズについてお話しします。重力レンズは、何か重いものがあると、その周りの空間がゆがんで、背後の星たちから出た光がまるでレンズを通ってきたように観測される効果で、これは、万有引力の法則（ニュートン力学）では説明できません。

光は最短距離を進みます。最短距離のルートがどうなるか？は平坦（へいたん）な空間なら簡単です。出発地点と到着地点をつなぐ直線ですよね。でも平坦ではない場合はそんなに単純ではありません。

たとえば、成田空港からサンフランシスコ空港に行く、最短距離のルートはどういうものでしょうか？　私は中学校の地理で勉強した覚えがありますが（今は習うのかしら？）、よくある平面の世界地図（メルカトル図法で描かれたもの）だと、東へまっすぐ行けばいいように思いますよね。でもこのルートは最短ではありません。飛行機がつくられる以前は船を使うしかありませんでした。船だと、その当時はGPS（全地球測位システム）もありませんか

ら、方位磁石を使って旅をするしかありません。だから、この東へ東へのルートを取るしかなかったのです。

しかし、1本の糸の両端を手に持って、地球儀で成田空港とサンフランシスコ空港をつなぎ、糸をぎゅっと引っ張ってみてください。そのルートが最短距離になります。

成田空港からまず北東方向のアリューシャン列島に向かってから、今度は南東に向かってサンフランシスコ空港に行くようなルートです。実際に飛行機は基本的にこのルートを飛びますよね（このルートの線に沿って地球儀を包丁で切るとちょうど地球儀の中心を通りますので、地球儀が真っ二つに割れます）。わざわざ高い燃料費と余計な時間を使って大航海時代に取っていた東へ東へのルートを選ばないわけです。

ここでいいたいのは、メルカトル図法の世界地図では、成田―サンフランシスコの実際の最短距離のルートはアリューシャン列島あたりを通る「曲線」に見えることです。

光も同じように最短距離のルートをたどります。先ほどの例は2次元の例で、宇宙空間は3次元ですから、イメージしにくいのですが、重い質量があるとその周りの空間がゆがみ、その結果、光はその周りを、一見、直線ではないようなルートをたどることになります。そして、レンズのような役割を果たすのです。

この効果、重力レンズは、実際に天体観測で確認されています。遠方からの星の光が、光らない何か重いものがあるために（光るものを観測できます）、その周りがレンズを通したようにゆがんで見えるのです。光らない、何か重いものが存在することが、重力レンズを通して証明できるのです。

光らない物質とは何でしょうか？　大きな天体以外にも未発見の粒子が寄与していることが観測からわかっています。

光らない未発見の物質の存在は、私たちの銀河の運動からもわかります。太陽の周りを地球や火星などの惑星が回っていますよね。それはガリレオの時代から観測され続け、ケプラーは太陽から離れたところを回る惑星ほど遅い速さで回っていることを示しました。地球は1年かかって太陽の周りを1周します。地球より遠い軌道の火星は約2年、木星は約12年、天王星は約84年、海王星は約165年もかかります。もし人間が海王星にいたら、太陽を1周して四季を感じる前に死んでしまいます（地球に生まれてよかった‼）。

このように、太陽から遠い惑星ほど遅いスピードで太陽の周りを回っていることは、（太陽からの距離の3乗と公転周期の2乗が比例するという）ケプラーの第3法則です。

さて、私たちのいる天の川銀河も回転しています。渦巻き状になっている画像を見たことがあるでしょう。直径は何と約10万光年ですから、天の川銀河は端から端まで光の速さで10万年もかかる大きなものです。太陽系は銀河の中心から離れたところにあり、太陽系が銀河系内の軌道を1周するには約2億2500万～2億5千万年ほどかかります（太陽系の誕生から現在までに20～25周していると考えられています）。

銀河の回転運動を観測すると、中心から離れれば離れるほどスピードが遅くなるはずなのに、じつはそうなっていないのです。ある程度離れたところからスピードが一定になります。つまりケプラーの第3法則が成り立っていないのです。

これは、天の川銀河の光っている星以外に、たくさんの光らない物質が存在することを示しています。

それは何でしょう？　たとえば、自分で光らない地球のような惑星が考えられます。あるいは、もっと小さな未発見の素粒子かもしれません。

私たちのいる天の川銀河以外にも、宇宙にはたくさんの銀河があることが観測されています。天の川銀河は、その直径が光の速さで10万年もかかるくらい大きな構造物ですが、それよりさらに大きなスケールの視点で宇宙を見ると、天の川銀河の他にもたくさんの銀河があって、その銀河たちが宇宙にどのように分布しているかが観測されています。

それはまるで（台所で食器洗いをしているときの）ブクブクしている洗剤の泡の表面に銀河たちがいて、泡の内部には銀河がほとんどいないような構造をしています。

そのような泡状に分布した銀河たちや、背景放射（ビッグバンのあとから宇宙に満ちている光）の観測などさまざまな状況証拠から、「光っていない物質」は、惑星のようなマクロなものだけでは説明が難しく、未発見の素粒子であることはほぼ間違いありません。

その素粒子は「ダークマター（暗黒物質）」と呼ばれていて、世界中でそれを見つけようと競争しています。ニュートリノの大発見をした神岡の研究施設でも、そうした実験（XMASS実験）が行われています。ダークマターを発見したら、間違いなくノーベル賞をもらえます！

ここで再び強調したいのは、一つの銀河はその直径が光の速さで10万年もかかるほど大きく、そういった銀河たちがものすごくたくさんあるわけですが、その銀河たちの形成や分布が、これ以上分解できないほど小さなミクロの世界の素粒子によって決められているということです！　最もミクロな世界が、最もマクロな宇宙とすごく密接に関係しているのです！　すごいと思いませんか？　神様がつくったこの世界は！

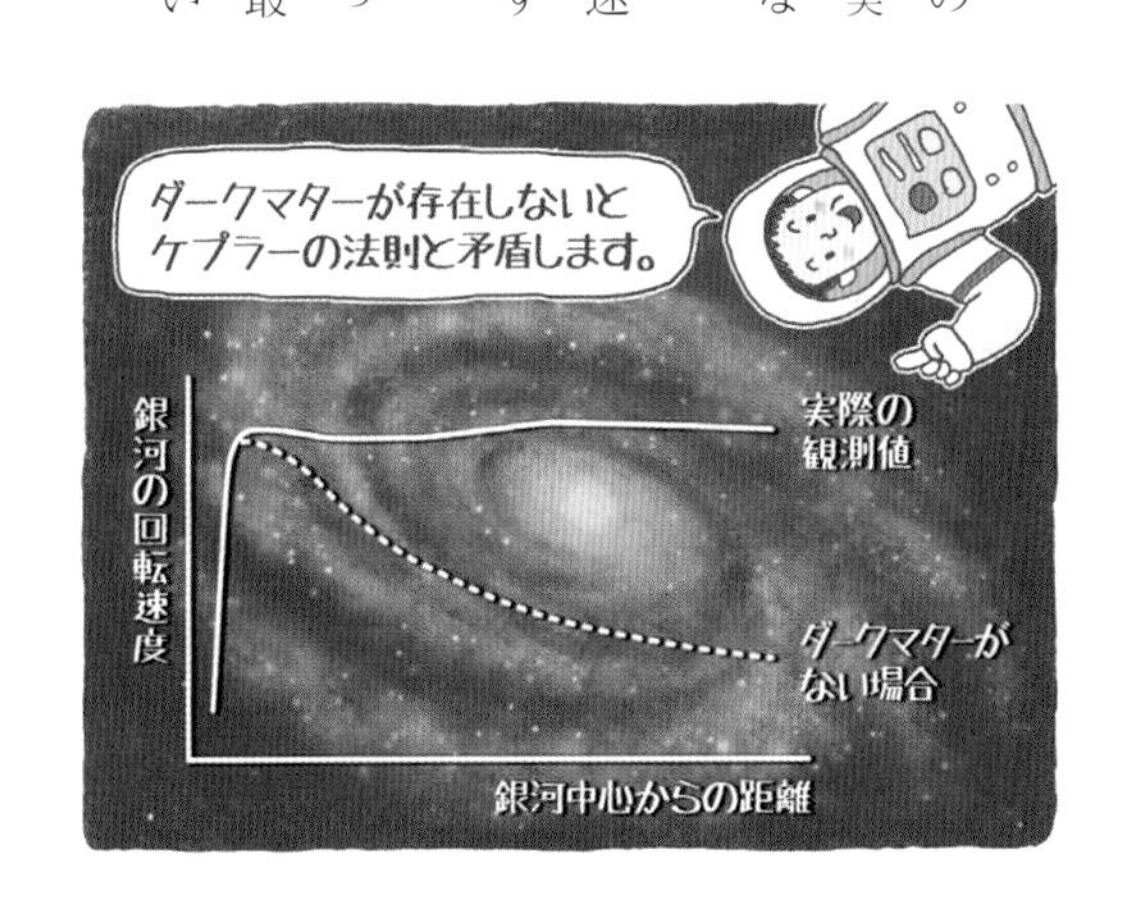

24話 星の進化／ブラックホール

この本で初めに掲げた目標は、ものをどんどんどんどん細かく砕いていったら何になるか?を知ることでした。その答えは、原子より、原子核よりさらに小さいクォークとレプトンでした。これらは、物質の素粒子です。物質は手でつかめるように硬いものですから、クォークとレプトンは硬い素粒子です。硬いという意味は「同じ場所に重なることができない」ということです。

私たちは地球からの重力を受けて地上に立っています。それは地面の土や床が硬いからですが、その本質は、それらの原子の中の電子と、私たちの足や靴の裏の原子の中の電子が、マイナスどうしで反発するからです（この電気的な反発力がなければ、ズブズブと重力に引きずり込まれて、地球の中心に落ちていってしまいます）。

しかし、物質の素粒子は、電気を帯びていなかったとしても「同じ場所に重なることができない」という場の量子論に由来する反発力があります（場の量子論については後ほどお話しします）。この反発力は「縮退圧」と呼ばれます。

太陽の質量の約半分から約8倍までの比較的軽い星は、ヘリウムより重い、炭素や酸素、窒素までの原子核は核融合でつくることができますが、それ以上重い原子核はつくることができません。太陽を含む、これらの星は最終的に赤色巨星となって膨張し、白色矮星（わいせい）になって一生を終えます。

重い星ほど自身がつくる重力の強さでつぶされそうになります。その重力に逆らって（原子内の）

電子の縮退圧で星の形状を保っているのが白色矮星です。その質量は、太陽の質量の約1.4倍までしかなく、それ以上の質量になると（すぐあとでお話しするように）電子の縮退圧を超えてしまい、中性子星になるかある種の超新星爆発を起こします。

私たちの太陽も約53億年後には赤色巨星となって膨張するはずです。水星や金星を飲み込み、そのときは地球も超高温になって人間はおろかすべての生物は滅亡してしまうと予想されます（そのときまで人間が生きていれば……の話ですが）。

さらに重い、太陽の質量の約8～10倍の質量を持つ星では、核融合でさらに重いネオンやマグネシウムくらいまでの原子核をつくることができます。ここまで重くなると、中心の重力が非常に強くなり、核融合を終える段階になると、（原子内の）電子が原子核内の陽子に取り込まれて中性子になります。そうして中性子ばかりの巨大な原子核が星の中心にできていきます。

中性子も同じ場所に重なることができない性質を持ちますから、中心は硬いわけです。電子や陽子はもはやなく、電気的反発力もなくなってしまい、星の構成物は重力で中心にどんどん落ちていきます。

それが、中心の硬い中性子の塊にぶつかって跳ね返ることですさまじい衝撃波が生じて、星は一気に吹き飛ばされます。これこそが、超新星爆発です。爆発のあとに残った中性子だけでできた原子核が中性子星です。

超新星爆発では、太陽が45億年間かけて放出するほどのエネルギーを、10秒間程度でニュートリノとして放出します（小柴昌俊先生のノーベル賞受賞の一つの要素が、超新星爆発でやって来たニュートリノをカミオカンデで検出したことです）。

また、超新星爆発は、波長の短い光（放射線の一種のγ（ガンマ）線と呼ばれています）をまき散らします。この威力はすさまじく、超新星爆発から半径5光年以内の惑星表面に棲む生命体は絶滅するといわれています。地球も一部の三葉虫の絶滅などは、超新星爆発の影響を受けたと思われる痕跡がいくつか発見されているようです。

太陽の質量の10倍以上の恒星は、核融合で鉄に落ち着き、この場合も最後には超新星爆発を起こします。残骸として残った中心の質量が太陽の約3倍以上になると、ブラックホールになります。中性子の縮退圧で保っているのが中性子星ですが、それを重力が上回ってしまい、重力でつぶれてしまうのです。

おおよそ太陽の質量の30倍以上の恒星はブラックホールになると思われています。ブラックホールの存在はＳＦの話ではなく、その周りの物質が落ち込むときに放出するエックス線の観測により、間接的に証明されています。そして、観測から、私たちの銀河の中心には、太陽の質量の何と３７０万倍も重い巨大なブラックホールがあると考えられています。

アカデミックな素粒子物理学

ブラックホールの存在はアインシュタイン方程式を解くと出てきますが、この方程式はとても難しいので、ブラックホールは形状や回転などを仮定することでしか、解けていません。

ブラックホールについて、今のところいくつかの解しか見つけられていませんが、その一つは佐藤文隆先生と冨松彰先生が見つけた「佐藤-冨松解」と呼ばれるもので、日本人も活躍しています。冨松先生は修士論文でこれを見つけました。私は大学院生活を送った名古屋大学で、冨松先生とは毎週日曜日にテニスを一緒にしていました。テニスのサーブやボレーの話は数え切れないくらいしましたが、物理の話は一度もしたことがありません。

素粒子の理論物理学のよい点は、素晴らしい研究をしたら一気に偉くなれるところです。学生が翌年にはハーバード大学の教授になることだってあります。この点は、理論物理学と実験物理学の違いです。実験は一人ではできませんし、何よりお金がかかります。ヒッグス粒子を見つけた実験施設の予算は年間1千億円弱です。1日の電気代だけでも膨大です。だから、チームとしての協力が大事です。ボスが研究費を分捕ってこないと何もできません。

その点、理論物理学はある意味、紙と鉛筆さえあればできます。素粒子物理学の分野では、院生以上になると、先生と呼ばずに「さん」付けで呼び合うようになります。私も院生になって指導教員を先生と呼んでいたら、さんづけにしなさいと注意されました。「先生」は一線の研究を引退した人に使う称号だという風潮があり、「私はまだ現役だから、さんで呼びなさい」といわれたのです。

論文を書いても、著者の名前の順番は単純にABC順です。順番には何の意味もありません。いつ下克上が起きるかわからないからです。そんな素粒子理論物理学の世界はとてもフェアだなあと私は気に入っています。だからこそ変わり者もたくさんいますが。

25話 付け加えられた斥力・宇宙項／アインシュタインの後悔

一般相対性理論のアインシュタイン方程式は重力の理論です。重力は電気や磁力と違って引力しかありません（たとえば、電気ではプラスとマイナスが引き合う「引力」と、プラス同士、マイナス同士が反発する「斥力（せきりょく）」があります）。

重力波を考えないなら、高校で習うニュートン力学で重力を扱ったっていいじゃんと思うかもしれません。しかし、ニュートン力学は重力が強いときには正しくないのです。だから、ブラックホールを扱うときはアインシュタイン方程式を使わないといけません。

でもブラックホールなんか身近にないからいいじゃんと思う人もいるかもですね。そんな方にお話ししたいのは、水星が太陽を回る運動です。水星は太陽に一番近い軌道を回る惑星なので太陽から受ける重力の強さは、他の惑星よりも非常に強いのです。それが理由で、水星が太陽を回る運動はニュートン力学で計算したものからずれています。

じつは、天王星が太陽を回る運動もニュートン力学の計算からずれていました。しかし、ニュートン力学が間違っているはずはない、そのずれは天王星より外側に未知の惑星があるからに違いない！と物理学者は考え、見事、海王星を発見しました。

水星のずれも初めは水星の内側に未発見の惑星があると考え、その発見を世界中が競いました。しかし、いつまでたってもそんな惑星は発見できなかったのです。天王星のときとはまったく違って、

理論が間違っていたのです。ニュートン力学は強い重力があるときには使えないのですね。

さて、ブラックホール以外にも、もっと重いものがあります。それは、宇宙全体です。アインシュタインは、重力を記述するアインシュタイン方程式が、宇宙の発展を記述できる方程式であることに気が付きました。でも、お話ししたように重力は引力しかありません。

地上で野球のボールを投げると、重力の引力によって地面に落ちます。それと同じように、宇宙全体も宇宙全体の重力の引力によって、いずれ小さくなってしまいます。「そんなばかな！」とアインシュタインは思いました。神様がつくってくださった宇宙は未来永劫（えいごう）安定で定常なもので、なくなってしまうようなものではないはずだと思ったのでしょうか。

だから、アインシュタイン方程式に、斥力を付け加えました。反重力とでもいいましょうか、重力の反発力です。もし、それを利用できたらすごいですよね！　空を自由に飛べるかもしれません。アインシュタインが付け加えたこの項を宇宙項（その係数を宇宙定数）といいます。

宇宙項による斥力のおかげで、大きさが変わらない定常的な宇宙を考えることができました。

しかし、その後、宇宙が広がっていることが観測されました。遠い星ほど、速いスピードで離れているのです。宇宙は決して定常状態ではなくて、広がっていたのです。

アインシュタインはこの事実を知り、宇宙項を勝手に付け加えたことを、「生涯最大の過ち」と後悔しました。

宇宙が広がっているということは、アインシュタイン方程式の重力理論とは矛盾しません。地上で上空に向けて投げたボールはやがて地球の重力に引かれて戻ってきます。しかし、ものすごい速さで投げることができたら、ロケットのように地球の重力を振り切って宇宙空間まで脱出し、そのまま地球から離れ続けます。

つまり、引力しかなくても、初めに広げる、何か爆発のようなものがあれば、宇宙は広がっていいのです。しかし、ボールの運動でわかるように、その始めの爆発の大きさによって、宇宙全体はやがてまた小さくなるか、あるいは、広がり続けるかの2択しかありません。

宇宙が今も広がっているということは、時間をさかのぼると、初めは小さかったことを意味します。それが、宇宙誕生

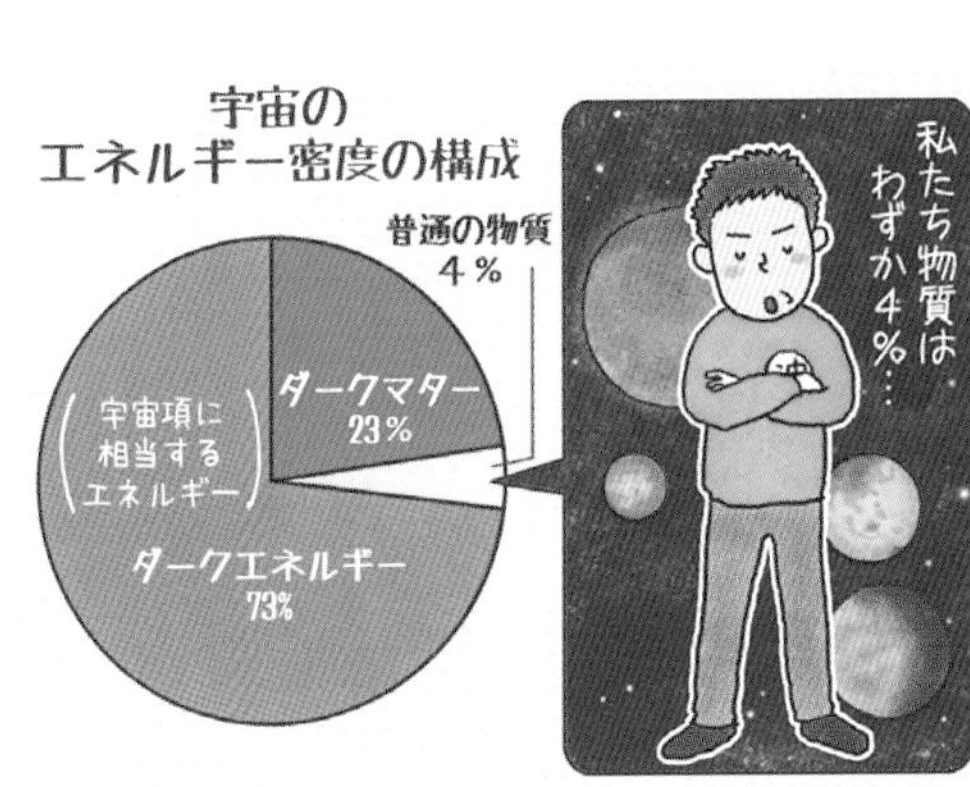

の爆発である「ビッグバン」です。

このビッグバンは仮想的な概念などではありません。ちゃんと証拠があります。その一つは、前にお話しした、ビッグバン時に起きる、水素やヘリウム、リチウムなどの軽い元素の核融合です。宇宙全体にあるそれらの元素の割合は、星から来る光を観測することで、わかります。ビッグバンによってそれらの元素が核融合で生成されたとすると、計算と一致するのです。これが、ビッグバンの一つの証拠です。

そして、もう一つが宇宙全体に満ちている光「背景放射」です。

背景放射を調べると、宇宙全体を占めるエネルギーの密度の比率がわかります。すごいですよね（エネルギー密度とは単位体積当たりのエネルギーのことです。宇宙全体のエネルギーがわかればいいのですが、宇宙の大きさ自体がわからないので、密度しか観測できません）。

観測の結果、クォークやレプトンからなる普通の物質は、宇宙全体のエネルギー密度のわずか約4%でしかなく、約23%がダークマターと呼ばれる未知の物質です。そして、何ということでしょう、全エネルギー密度の約73%は、アインシュタインが生涯最大の過ちと後悔した宇宙項に相当するエネルギーなのです！　この宇宙項とみなせる反重力のような、物質ではない不思議なエネルギーをダークエネルギー（暗黒エネルギー）と呼びます。

アインシュタインの宇宙項があると、宇宙の膨張はどんどんどんどん加速します。現在の宇宙が宇宙項に相当するものの効果で、加速膨張していることは、私たちが観測する超新星の明るさが（加速がないと仮定したときよりも）暗くなっていることからわかります。その発見で、２０１１年のノーベル賞が、ソール・パールマッター教授ら三氏に贈られました。

物理学者は宇宙が加速膨張していることに非常に驚きました。ボールを上空に投げたときを思い出してください。すごい速さで投げて、宇宙のかなたにボールが飛び去ったとしても、地球の重力で引かれるので、ボールの速さはだんだん遅くなります。ところが、宇宙項による膨張は、反重力のような斥力ですから、どんどん加速するのです！

この宇宙項、すなわちダークエネルギーは本当に不思議なものです。圧力で考えると、負の圧力です。圧力が負？　どういうことでしょう？　風船をギュッと手で押さえたら、手は風船内の空気の反発する圧力を受けます。これは正の圧力です。負の圧力というのは、風船をギュッと手で押さえたら反発するどころか、ますます縮んでしまうということです。

そんな現象は私たちの身の回りにはまったく起こらないので、イメージできません。でも、現在の宇宙で起きているのです。

現在、ダークエネルギーの正体は、まったくわかっていません。宇宙観測によって計測したダークエネルギー密度の値は、理論物理学が予言する値よりも１２０桁も小さいのです。０・００……１の０が１２０個もある、ものすごく小さな値であることも驚きですが、さらに驚愕（きょうがく）すべきは、それがゼロではなくて（ゼロなら何か特別な理由があるはず）、何と！　ちょうど、ニュートリノの質量をエネルギー密度に換算したくらいの値なのです！　不思議な宇宙の加速膨張は素粒子のニュートリノと関係するのかもしれません。

ダークマターについては、世界中の物理学者がいずれ発見できるだろうと思っています。それを予言する有力な理論もあります。

しかし、ダークエネルギーについては、いまだ正体が何なのか、ぜ～んぜんわかっていません。科学はすさまじく進歩していますが、宇宙の大半、7割を占めるエネルギーの正体がいまだにまったくわかっていないのです。

一つの説明として、新しい理論が提唱されています。宇宙を英語でユニバースといいますね。「ユニ」は「唯一の」という意味です。私たちのいる宇宙が「唯一の」存在だということです。「唯一の」存在である私たちの宇宙のことは物理学で説明できるはずで、なぜ120桁以上も小さいのかも必ず理由があるはずだと物理学者は思っていました。しかし、それがあまりにも難しい。

そこで、宇宙は私たちの宇宙だけが「唯一の」ものではなくて、別の宇宙がたくさんあるのだというのが、マルチバース理論です。「マルチ」は「多数の」という意味です。

もし、ダークエネルギー密度の値が今の宇宙の値よりも数桁大きければ、宇宙には星も銀河も生まれないことが計算でわかります。

物理学の最終理論の候補である超ひも理論では、存在できる宇宙の種類が10の500乗もあります。お湯が沸騰して泡がボコボコボコボコできるように、宇宙もボコボコボコボコと、ものすごくたくさんできて、そのたくさんの宇宙はおのおの別のダークエネルギーの値を取ります。そして、その値が

「たまたま」ニュートリノの質量くらい小さかった宇宙では、銀河が生まれて、アインシュタイン方程式を発見してダークエネルギーを観測できる知的生命体が誕生したと考えるのです。

人間は、唯一の大地と思っていた地球が太陽系の惑星の一つであることを科学を通じて知り、その太陽系も銀河にたくさんある惑星系の一つと知り、その銀河も宇宙にたくさんある銀河の一つだと知りました。

もしかすると宇宙自体も同じようにたくさんあるのかもしれませんね。

26話 ビッグバン、38万年後に「晴れ上がり」

宇宙はビッグバンで始まってからずっと膨張を続けています。膨張をすると、宇宙の温度は冷えていきます。そもそも温度というのは、熱エネルギーです。熱エネルギーとは、分子や原子の運動エネルギーです。やかんに手を触れてしまったときに「熱い！」と感じるのは、やかんの金属の表面の金属分子や原子が激しく振動していて、それが手の表面の分子や原子を激しく揺らして神経に伝わるからです。気温が高いということは空気中の窒素や酸素の運動エネルギーが大きいということです。

膨張すると冷える例は身近にもあります。たとえば、偏西風に乗り日本海から来た空気が中国山地にぶつかり上昇して（山の上は気圧が低いので）膨張し、温度が下がって雲をつくり雨や雪を降らせます。

超高温の爆発、ビッグバンで宇宙が始まり、その後、徐々に温度が冷えていくのがこの宇宙の歴史です。ビッグバンは超高温、つまり、すごく大きなエネルギーを持ち、物質（クォークやレプトン）と反物質（反クォークや反レプトン）がつくられます。そして、物質のほうが反物質よりも100億対100億1の割合でほんの少しだけ多くつくられたので、物質と反物質が対消滅（ぶつかって光を出して消えること）して、100億対1の光と物質が宇宙に残りました。残った物質が現在ある陽子や中性子、電子、ニュートリノなどになります。

宇宙誕生後1秒から3分後くらいには、温度が原子核の束縛エネルギーくらい（メガ電子ボルト）に冷えるので、（それまで高温で自由に飛び回っていた）陽子と中性子はくっついて原子核を構成します（原子核の束縛エネルギーより温度が高いと運動エネルギーが勝ってしまうので、陽子と中性子は原子核をつくらず飛び回ります)。

このとき、水素や(原子核が陽子と中性子一つずつの)重水素、そして、ヘリウム、リチウムなどの軽い原子核がつくられ、宇宙観測をするとこれらの元素の割合がビッグバンの計算とぴったり合います。

そして、宇宙が誕生して、約38万年経つと、宇宙の温度が電子ボルトのスケールになります。このエネルギーは原子内の原子核と電子を結びつける束縛エネルギーでしたね(化学反応のエネルギーです)。この温度になると、それまで自由勝手に飛び回っていた原子核と電子がくっついて原子を構成します(原子核と電子が束縛せずに自由気ままに飛び回る状態を「プラズマ」と呼びます)。

プラズマ内では光は原子核や電子にしょっちゅうぶつかってまっすぐに飛ぶことができません(太陽内部もプラズマです。太陽の中心でつくられた光は数百万年もかかってやっと外に出られましたね)。しかし、ビッグバンから38万年経って、宇宙が冷えて、ようやく光がまっすぐに飛ぶことができるようになります。このときに起きた現象を「宇宙の晴れ上がり」と呼び、この光が「宇宙の背景放射」です。「晴れ上がり」が起きたときに放射された光は、宇宙の膨張によって(風船に描いた絵が、風船を膨らませるとびょ~んと伸びるように)波長がびょ~んと伸びて、現在の「背景放射」として観測されます。

その後、星や銀河がつくられ、現在はビッグバンから約138億年経っています。現在はアインシュタインが導入を後悔した宇宙項に当たるエネルギーが宇宙の約73%を占めます。その斥力の結果、膨張はどんどん加速しています。

さて、この先の未来はどうなるかというと、身近なことでは太陽の寿命があと50億年ほどでした。

その頃、じつはアンドロメダ銀河と私たちの天の川銀河が衝突します(宇宙は全体として広がってはいますが、ローカルには重力に引かれて近付いている天体もあるのです)。

このとき、互いの銀河にある原子が衝突して多くの星が爆発的に生成されると考えられています。

1千億年後には宇宙は現在の500倍も大きくなります。たくさんある銀河の互いの距離も500倍になり、宇宙はとても暗くなります。100兆年も経つとほとんどの星が燃え尽きてしまい、夜空は真っ暗闇になります。ブラックホールもだんだん「蒸発」していきます(ブラックホールが量子力学の効果で蒸発して消えることは、車椅子の物理学者ホーキング博士が証明したので、ホーキング輻射と呼ばれています。小さいブラックホールほど速く蒸発します)。

10の100乗年も経つと、銀河規模の質量を持つ大きなブラックホールも蒸発して、その頃には陽子や中性子も崩壊し、電子と陽電子、ニュートリノ、そして、ものすごく伸び切った波長の背景放射だけになると思われます。真っ暗闇です。

なんとも寂しい未来ですよね。でもその前に、弥勒菩薩(みろくぼさつ)が救ってくださるかもしれません。なぜなら、釈迦(しゃか)の没後56億7千万年後に仏となってこの世に現れるといわれているからです。ちょうど、太陽が燃え尽きたり、アンドロメダ銀河が衝突したりする時期です。偶然なのでしょうかね?

24話の一つ目の図の影を参照。

27話 ビッグバン理論の問題点

さて、ではビッグバン理論に問題がないかといいますと、二つ大問題があります。

一つ目は「地平線問題」と呼ばれるものです。宇宙背景放射は温度に換算すると2・725K（ケルビン）（＝摂氏マイナス270・425度）です（Kは絶対零度と呼ばれる温度の単位で、0K＝マイナス273・15度です。絶対零度は、熱運動がまったくない完全に静止した状態ですから、それより低い温度は存在しません。思えば、太陽を取り巻くコロナなど200万度もあるし、宇宙の始まりの温度はすごく高いものです。大きいほうはいくらでもあるのに、低い温度はたかだかマイナス273・15度というのも不思議な話ですよね）。

私たちが電波望遠鏡を使って背景放射を測ると、天空のどの方向からも2・725Kの光がやってきているのです。

じつは、これはとても不思議なことなのです。そもそも、互いに何の因果関係もないから、5Kとか6Kとかでもよいのにもかかわらず、夜空の全天から4桁も等しい精度で2・725Kの光がやってきているのです！　これは、たまたまの偶然ではあり得ないことなのです。

相対性理論は、情報を含めてどんなものも光速より速く伝わるものはないことを要請し、光が到達できるギリギリの距離を「地平線」と呼びます。それより遠い場所は情報も届かない、絶対に知ることのできない未知の領域です。宇宙の始まりから38万年後に宇宙が「晴れ上がり」、背景放射が放出されましたが、このときの「地平線」は大体38万光年です。

宇宙は広がっていますから、「遠い場所を見る」ということは、「遠い昔を見る」ことに対応します。現在は、宇宙誕生後138億年なので、私たちが観測している背景放射は「138億年−38万年」昔の光です。つまり、背景放射を観測するということは「138億光年−38万光年」遠くを見ていることになります。

この「晴れ上がり」までの距離は、宇宙が膨張していることを考えると、大体4100万光年になります（この距離は、遠い場所（つまり昔）は現在までに空間が大きく膨張していて、近い場所（つまり最近）はいまだあまり膨張していないことも考慮して計算されます）。

そうすると、観測している背景放射の「地平線」は、約4100万光年遠くにある、半径約38万光年（直径約76万光年）の範囲内ですよね。

4100万光年の距離にある76万光年の大きさを見込む角度は、夜空の4100万分の76万ラジアン（1ラジアン＝180度／円周率＝約57度）ですから、大体1.1度くらいです。月の直径は夜空で約0.5度ですから、月の半径を大体2倍にした狭い範囲でしかありません。夜空を見上げたとき、その狭い範囲内で同じ温度というのはあり得ることです。ところが、それより広い範囲は、光の速さでもたどり着けない未知の領域ですから、そこがたまたま同じ温度というのは、あり得ないことなのです。

私たちが「宇宙」と呼んでいるものは、私たちが知ることのできる光の速さでたどり着ける「地平線内」の領域だけであって、たとえば「晴れ上がり」の時刻で「地平線外」だった領域は宇宙とは認識できない、いわば、宇宙の外だったわけです。その領域は現在の宇宙の「地平線内」に入っていますから私たちは観測できて、宇宙の内として扱えます。しかし、「晴れ上がり」当時は宇宙の外だったわけで、それが、偶然同じ温度だった理由はまったくありません。

偶然同じになる確率は、何の連絡も取ってない全世界の人が、明日の午後1時に松江城にまったく同じ服装でたまたまやってくることよりもはるかに低い確率です。そんなことあり得ないでしょう？それにもかかわらず、背景放射を観測すると、夜空の全方向から、4桁の精度の等しい温度の光がやってきています。これは、ビッグバンの大問題で「地平線問題」と呼ばれます。

この4桁の精度というのがまたミソで、5桁目には夜空の方向によって温度が違います。たとえば、北斗七星方向からの光は2・7252Kで、オリオン座方向からは2・7254Kといった感じです。*このわずかな温度の違いは、宇宙がまだすごく小さかったときに、ミクロの力学、量子力学が作用していた名残です。その量子力学的なゆらぎの効果が、(あとで説明する)宇宙の始まりから10のマイナス36〜34乗秒くらい(1秒よりもはるかに短い時間)に起きた「インフレーション」によって引き伸ばされたものが起源です。

＊ 正確にいうと、ある一つの方向からの温度の測定には4桁目に誤差があります。しかし、二つの方向の温度の差の測定はもっと精度がよく、5桁目にゆらぎがあるのです。

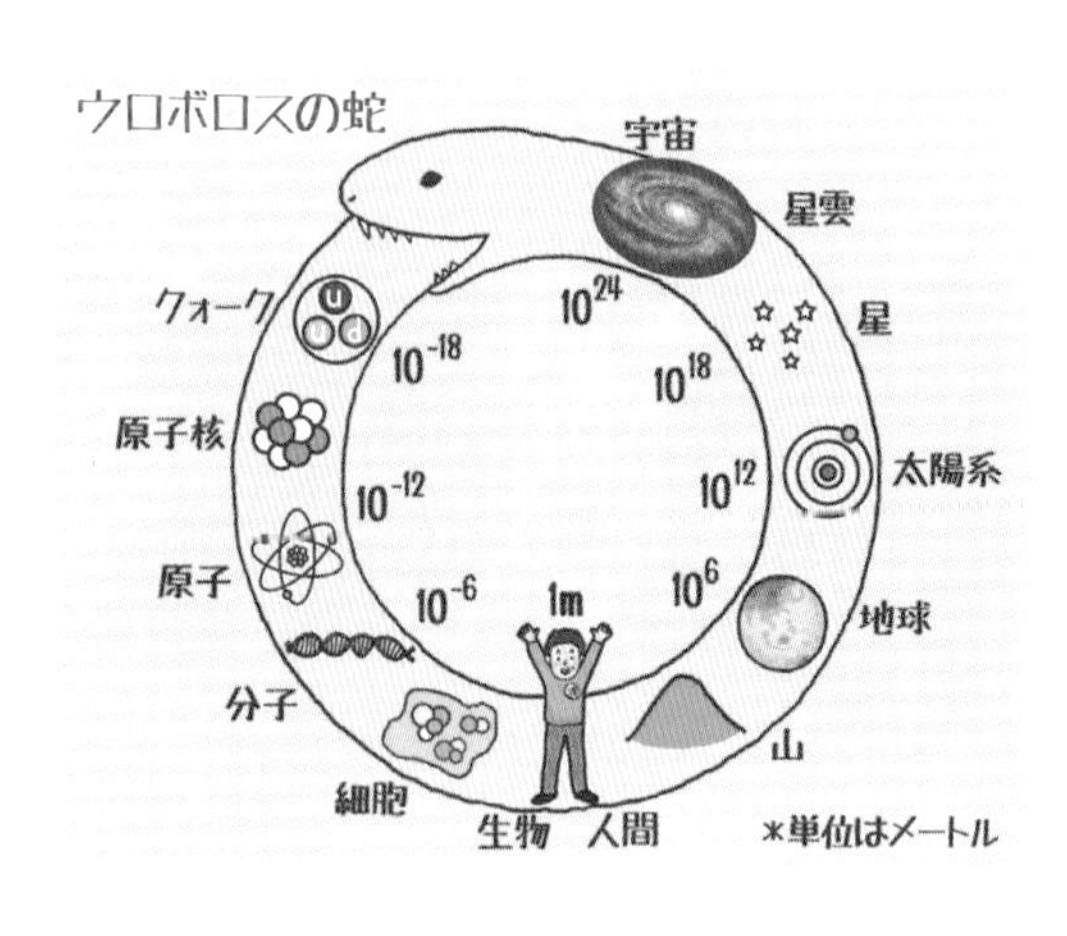

このわずかなゆらぎは、ダークマター、そして物質の粗密の起源でもあり、だんだんと成長してやがて銀河や銀河の分布をつくります。銀河が泡の表面に分布していることを以前紹介しましたが、その分布です。

大きな大きな宇宙を研究していたら、またしても小さな小さな物理法則とつながっていることに出くわしたわけです。このことを物理学者は、「ウロボロスの蛇」で表現することが好きです。ギリシャ神話に出てくる、自分の尾を飲み込んでいる蛇のことです。

私たちが知る最も大きな構造物である銀河の分布が、なんとミクロの量子力学の効果だったのです!! 何とこの世界は深遠なことでしょう!

さて、もう一つのビッグバン理論の大問題は「平坦(へいたん)性問題」です。現在の宇宙はとても平らに近いということが観測でわかっています。曲がっていないのです。

空間が曲がっているかどうかは、三角形を描いてみるとわかります。

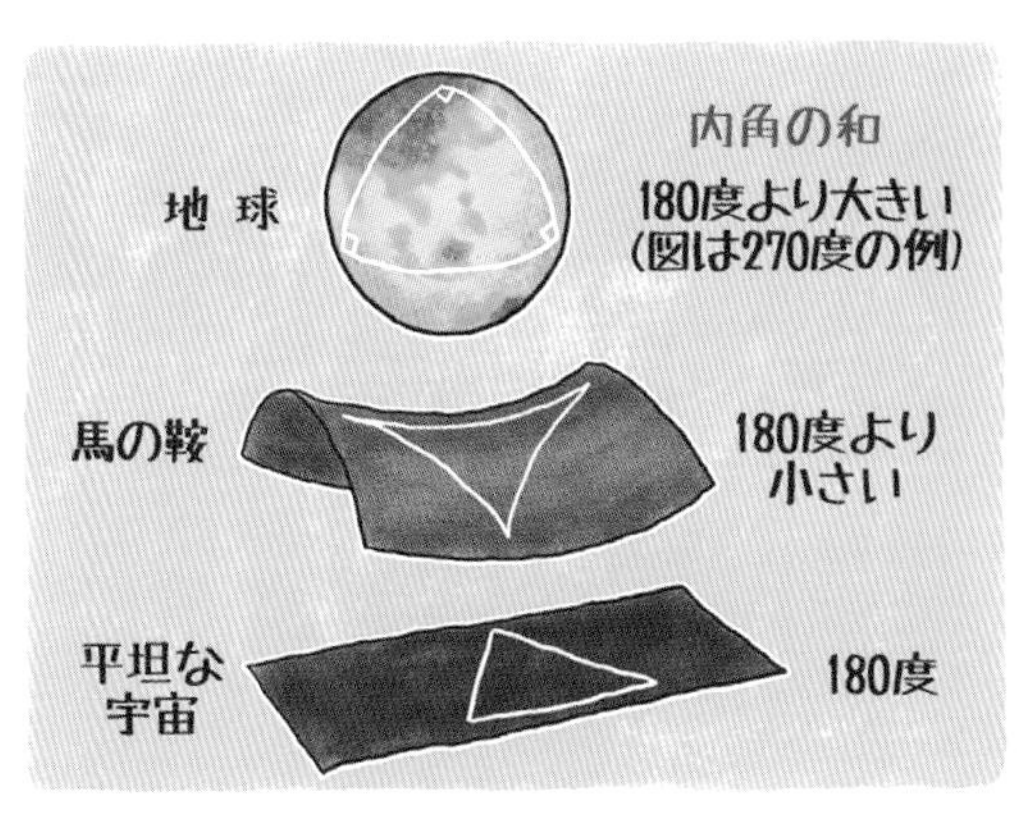

平坦なら、学校の机の上で紙に三角形を描いたときに習った通り、三角形の内角の和は１８０度です。

今度は、たとえば地球の球状を感じるほど大きな範囲で三角形を描いてみましょう。地球は球ですから、その表面は平坦ではなくて曲がっていますよね。以前、一般相対性理論のところでお話ししたように、地球の表面の「直線」は2点を最短ルートで結ぶもので、私たちには曲線に見えます。

その「直線」に沿って包丁を入れると、地球の中心を通り地球が真っ二つに割れましたね。地球儀を持ってきたらわかりやすいかと思います。地球上での三角形はそういうわけで、たとえば北極と、北極からロンドンを通る経度０度線をたどって降りてきた赤道上の点、そして赤道をたどって東経90度の点、そしてまた経線をたどって北極に戻る、これが、地球上の一つの三角形です。

内角の和を求めてみてください。どの角度も90度ですから、三つで２７０度です。つまり、空間が球曲のように曲がっていると三角形の内角の和が１８０度より大きくなるのです。

次に、馬の鞍の上で、三角形を描いてみましょう。球ではなく、鞍のように曲がった面だと、内角の和は１８０度よりも小さくなります。

今の例は２次元の面に描いた三角形の話ですが、３次元でも同じです。たとえば、（実際にはできるわけないけれど）ものすごく長いひもを、地球の太郎君とシリウス星のA君とアンタレス星のB君に持ってもらって、三角形をつくるのです。３次元空間の中にひもで結んでつくった三角形の内角の和を求めると、宇宙の３次元空間のゆがみ具合がわかるのです。

そして、観測の結果、「現在の宇宙はとても平坦に近い」ということがわかっています。

このことは、宇宙空間の３地点で三角形をつくり、内角の和を測定したら確かめられるはずですが、実際にはシリウス星やアンタレス星まで出かけられません。では、どうやって測るのかというと、ビッグバン由来の光、背景放射の分布を見るのです。４桁の精度で等しい温度の光が全天から降り注いでいるといいましたが、その５桁目の違いの分布を解析することでわかってしまうのです！

さて、宇宙の発展を記述するアインシュタイン方程式、ビッグバン理論で計算すると、現在の宇宙の平坦さを実現するためには、宇宙の始まりの段階で1千兆分の1の精度で平らにしておく必要があることがわかります。1千兆分の1です！　宇宙は大きくなってきました。大きくなった現在、とても平坦であるということは、宇宙が小さかった頃はものすごい精度で平坦だったということです。

たとえば、1メートル四方の板を考えてください。いくらすごい職人が磨いて真っ平らにしたとしても、原子1個1個までは平らにはできっこないですよね。1千兆分の1というのは、この板で、原子どころか原子核のレベルまで平坦にしなさいということです。こんな感じの超微調整を宇宙のはじまりに神様がしてくれたのでしょうか？　これが、ビッグバン理論の「平坦性問題」です。

さあ、どうしましょう？　軽い元素の割合や宇宙背景放射の存在などビッグバンの証拠は確かにあるのに、ビッグバンは間違いなのでしょうか？

28話　インフレーション宇宙／どんな粒子が引き起こしたか

そこで登場するのがまたしても、アインシュタインが生涯最大の過ちと後悔した反重力、宇宙項です。この項が宇宙の誕生直後、10のマイナス36乗秒～10のマイナス34乗秒までの間に、指数関数的に宇宙を広げてビッグバン理論のすべての問題を一気に解決してしまうことがわかりました。

1秒よりはるかにわずかなこの時間での宇宙の膨張はすさまじく、たとえば、ウイルスが一気に銀河系の大きさになるほどの膨張です。ウイルスのデコボコだって銀河系くらい引き伸ばされたら、もはや「平ら」にしか見えませんから「平坦性問題」は解決します。もともとは（光速で届く）狭い範囲にあったわけですから「因果関係」もあり、全天から同じ２・７２５Ｋ（ケルビン）の温度の背景放射が降り注ぐことも問題なくなり、「地平線問題」も解決します。

こんな膨張は光の速さを超えるのではないかと思った人がいたら、それはとてもよい疑問です。簡単に答えるのは難しいのですが、私たちが観測できる宇宙の範囲内は絶対に光速を超えないようになっています。

それにしても、またもアインシュタインの宇宙項です！　この理論が「インフレーション宇宙」です。

1秒にも満たないごくごくわずかな時間で、ウイルスが銀河サイズに膨張するほどの割合で広がるなんて、「そんな……本当!?」と思われるのも無理ないと思います。私も、勉強したばかりの学生時代はそう思っていました。しかしですね、宇宙背景放射の観測から、それが正しいことがわかっています。

全天から降り注ぐ宇宙背景放射は、ビッグバン由来の４桁の精度で等しい温度の光でした。でも５桁目は、降り注ぐ方向に依存して異なる値で、ゆらいでいます。その「ゆらぎ」こそがインフレーション宇宙の証拠なのです。背景放射のゆらぎの観測から、インフレーションが起きたこと、そして以前お話しした、私たちの物質、ダークマター、ダークエネルギーの割合もわかるのです。

人工衛星による背景放射のゆらぎの観測は、１９８９年から96年にかけて行われたＣＯＢＥ（コービー）衛星によるものが最初でした。このときの精度はさほどよくなかったのですが、２００１年にＮＡＳＡが打ち上げた衛星ＷＭＡＰによる実験でものすごくよい精度で示されました。そして、２００９年に打ち上げられた衛星プランクでの実験はさらによい精度のデータを私たちに与え続けていて、もはやインフレーション理論の構造まで明らかになりつつあります。

物理現象のすべてには何かの粒子が関与していると考えられます。インフレーションが起きるということは、インフレーションを引き起こす粒子が存在するはずです。しかし、それが何なのか（クォークのような素粒子なのか、陽子のような複合粒子なのかも含めて）まだまったくわかっていません。私は共同研究者とヒッグス粒子がインフレーションを引き起こした可能性について研究をしています。

29話

モノポール／単独のN極、S極は現れない？

小学校のときに棒磁石の周りに砂鉄をまいて、磁力線を「見た」ことを覚えています。ふあ～って広がる感じになります。S極とN極をつなぐように磁力線が広がっていますね。

さて、プラスとマイナスの電気があるときには、電気力線が生じます。磁力線とそっくりですよね。電気力線と磁力線はそっくりですから、電気の力と磁石の力ってすごく似ています。

でも、とっても大きな違いがあります。それは、電気のほうはプラスとマイナスを切り離すことができます。陽子はプラスの電荷を持っていますし、電子はマイナスの電荷を持っていましたね。このようにプラスとマイナスを切り離すことができます。

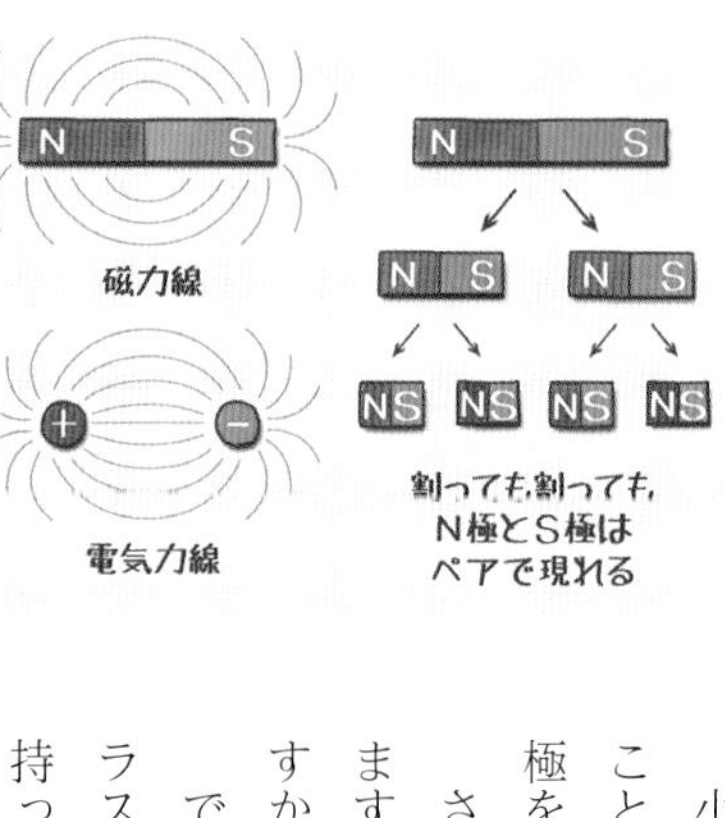

ところが、磁石のほうは、N極とS極を切り離して単独のN極とかS極の粒子をつくることはできません。図のようにN極とS極はペアで必ず現れます。金太郎あめのようですかね。

ペアで出てきたN極とS極をもう1回真ん中で割ってもまたN極だけ、S極だけにはならずに、N極とS極は必ずペアで現れます。何回やっても何回やっても単独のN極、単独のS極は取り出せないのです。

では、N極だけとかS極だけの磁石はないのでしょうか？　私は中学生時代「電気と磁石の力って非常に似ているのに……どうしてかなあ？」って思いました。先生に質問しても「自然がそうなってるんだから覚えなさい！」と怒られるだけでした。

しかし、相対性理論でお話ししたように、止まっている人から見たら純粋な「電気力」だったとしても、動いている人から見たら「磁力」も混じってきます。つまり、「電気力」と「磁力」は、本質的にもともと「電磁力」の違った見方でしかないので、単体のN極、S極があったほうが理論的には自然です。

他にも単体のN極、S極があるほうが自然である理由があります。たとえば、川の水は連続しているように見えますが、1オングストロームまで見ると、水は連続ではなくて、つぶつぶの分子からできていることがわかります。連続に見えるものも、じつはそうではなく、最小要素のつぶつぶからできているのです（買い物をするときに1円玉より安い硬貨がないように、量子力学はすべてのものに最小のユニットがあることを示します。）。

プラスやマイナスの電荷（電気）にも最小単位があります。1・6021766208（98）×10マイナス16乗クーロンが最小単位で、それより細かい電荷は、（1円玉より安い硬貨がないのと同じで）自然界には存在しないのです。数学ではいくらでも小さな数を考えてよいのですが、私たちの自然界はそうはなっていないのです。

じつは、モノポールが宇宙のかなたにでもいいので、たとえ1個だけでも存在したら、電荷にこれ以上細かくできない最小のつぶつぶがあって、それより小さい電荷がこの世界には存在しないことが理論的に証明できます。

そういうわけで、単体のN極、S極粒子は存在するほうが自然に思われ、「モノポール」と名付けて物理の最先端の実験で必死になって探しています。でも、このモノポール、まだ見つかっていません。何か面白く、おかしくありませんか？　中学生が先生に怒られるような質問を、世界の最先端では一生懸命探しているのです。

電子と陽子の電荷は逆符号で21桁の精度で等しいことが実験からわかっています。このことは、「大統一理論」と呼ばれる理論が存在する証拠だと思われています。そして、この大統一理論ではモノポールの存在が予言されます。

宇宙誕生直後の高温度では、物理法則として大統一理論が適応される時代があり、計算では、そのときに大量のモノポールがつくられます。その量は膨大で、私たちはとっくにモノポールを見つけていてもよさそうなのに、まだ見つかっていません（モノポール問題）。インフレーションが起きて宇宙が引き伸ばされ、モノポールの密度は薄まってしまうので、現在の宇宙で、まだ見つけられずにいると考えられます。

モノポール。見つけたらノーベル賞は間違いなくもらえます！　ひょっとして帰り道の道端に落ちているかもしれませんよ～。

（注）ノーベル物理学賞は三人までもらえます。見つけたら連絡して！

30話　量子力学／〝ミクロ〟の世界を記述する

「量子力学」という言葉がこれまで何度も出てきました。これは〝ミクロ〟の世界の力学で、私たちの周りのマクロの力学とは、かなり違います（ここでいうミクロとは大体0.1ミクロン（マイクロメートル）より小さい微小の世界の総称という意味で使っています。だからダブルクォーテーション付きにしました。マクロの世界というのは私たちの身の回りのスケールや宇宙のスケールです）。

たとえば私たちの社会で、泥棒を牢屋（ろうや）に閉じ込めたとします。牢屋は四方八方を囲まれて、当然泥棒は外へは出られません。当たり前ですよね。スルッと壁を通り抜けたりできません。そんなことができてしまったら、牢屋としての役割が果たせませんもの。

しかし……〝ミクロ〟の世界はそうじゃありません。たとえば「電子さん」を〝牢屋〟に閉じ込めたとします。マクロの泥棒は、穴を掘って脱走でもしない限り外には出られません。でもですね、「電子さん」は、たとえ四方八方を壁で囲まれていたとしてもスルッと通り抜けてしまうことが可能です。これは

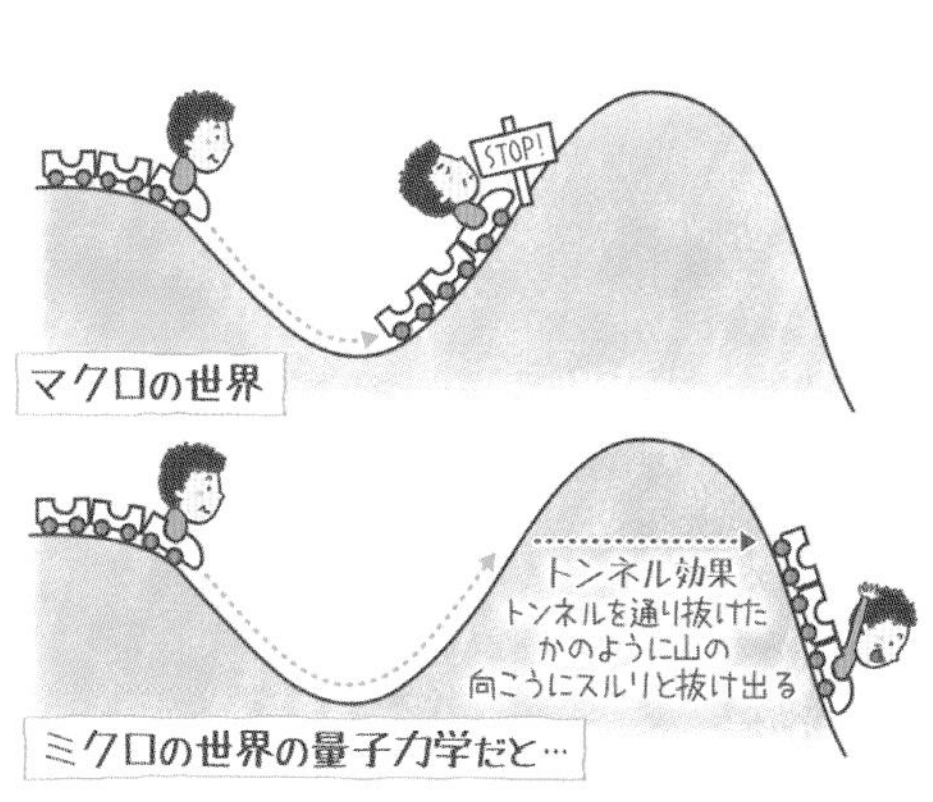

「トンネル効果」と呼ばれます。

マクロの世界では考えられませんね。とても想像できないはずです。まるで、テレビで見るマジックです。でも、実際に観測されています（このトンネル効果の研究で江崎玲於奈先生がノーベル賞を受賞しています）。だから、〝ミクロ〟の世界の物理法則は、マクロの世界のそれとは大きく違っているのです。その〝ミクロ〟の世界を記述するのが「量子力学」です。

前ページの図はトンネル効果の説明です。ジェットコースターを考えてください。ジェットコースターは初めに一番高い地点に登ります。そこから、ゆっくりと滑り始めます。しかし、エンジンがありませんから、その地点より高いところが途中にあったら絶対にその山は越せないですよね。それが、私たちの常識です。

しかし、〝ミクロ〟の世界にはこの常識がありません。ジェットコースターは山の向こうにスルリと抜け出してくることがあります。まるで泥棒が牢屋をスルリと抜け出してくるように。不思議ですね。

この他にも、量子力学では、私たちの常識では考えられないことが起きます。たとえば、「位置」と「運動量」を同時に決定することができません。電子がどこにいるか完全に特定できたとすると、その電子の運動量はまったくわからなくなります。また、「時間」と「エネルギー」も同時に決定することができません。

そうすると、どこに電子がいるのかなんてことも「確率」でしかわからないのです。マクロの世界では、私はここにいることは確実な事実ですよね。私が80％の確率でここにいるのだ、なんて何のことかわからないし、そんなへんてこなことにならないですよね。でも、〝ミクロ〟の世界では、確率でしかわからない、つまり「いる」か「いない」かのどちらかに決まらず、「いる」状態と「いない」状態が〝混在〟しているのです。

アインシュタインは、この世の物理法則が「確率」で記述されるということに抵抗感をずいぶん持っていて、「神様はサイコロを振らない」といいました。量子力学に対して懐疑的だったのです。

「シュレーディンガーの猫」という言葉を聞いたことがあるかもしれません。猫をかごに入れてカバーを掛けて見えないようにしておきます。そのかごの中に（原子核の崩壊など）量子力学に従う物理現象が起きると、大好物の餌が出て猫が喜ぶ装置を入れておきます（本来は残酷な設定ですが、頭の中で考える思考実験であっても、猫がかわいそうだと思う人もいるでしょうから、猫が喜ぶ設定に改めました）。

猫がある時刻で餌を食べているか、それとも食べていないかは、量子力学では、カバーを外すまでは、確率でしかわかりません（つまり、食べているかいないかが混在している！）。しかし、本当は、カバーを外す前から、判別はついているはずだ、というのがアインシュタインの主張です。

31話 量子力学／「理解」できなくてもよい

アインシュタインは、「アインシュタイン-ポドルスキー-ローゼンのパラドックス（ＥＰＲパラドックス）」という、物理現象の確率的解釈に関する問題も提起しました。

これは、量子力学を使用すると、離れた地点に情報が「光速を超えて瞬時に伝わってしまう」というもので、「世の中に情報も何もかも含めて光速より速く伝わるものはない」という相対性理論と矛盾するように見えるというものです。

相対性理論が正しいなら量子力学は間違っているはずだという主張ですね。

じつは、このテーマについては、現在、実験的にも理論的にも研究が進んでいます。そして、確かに瞬時に伝わりますが、相対性理論と量子力学はどちらも正しいことがわかっています。量子テレポーテーションとも呼ばれますので、耳にしたことがあるかもしれません。テレポーテーションといっても、ＳＦ小説で登場するような、瞬時に別の惑星に移動するようなものとは違います。

話を戻しますと、この世界の物理法則「量子力学」では、「確率」しかわかりません。シュレーディンガーの猫が餌を食べているかどうかは確率でしかわかりません。さて、アインシュタインが嫌ったように、この世の物理法則は、本当に確率で記述されているのでしょうか……？　もしかしたら、猫が餌を食べている世界と、食べていない世界がパラレルワールド（分岐した並行世界）のように絡まっているのでは？と思うかもしれません。

このように、量子力学を（いわば哲学的に）理解しようとすると、何だか、よくわからなくなります。しかし、量子力学の方程式を使って計算すると、現象がたとえ「確率的」にしか現れないとしても、計算した結果は、実験と完全に一致します。ここが、物理と哲学の違いなのだと思います。

哲学的な意味はわからなくても、自然現象を完全に記述したり予言したりすることができるのです。そして、新しいナノテクノロジーなどにも応用できる、それが科学なのです（量子力学を学び始めたときは、その哲学的な意味がわからず悩みましたが、大学院生になって哲学的な意味は考えなくなりました）。

私の大好きな物理学者のリチャード・ファインマンは、こういっています。「誰も、量子力学を『理解』してはいない」。

この言葉が端的に表しています。哲学的な意味はわからなくてもいいのです。哲学や小説では、量子力学の確率解釈をもとにパラレルワールドが描かれたりしますが、物理学者はそういうことは考えません。そんなことを空想しなくっても、物理現象には面白いことがあふれているのです。空想している暇なんかないのです。

EPRパラドックスの分かる女性と合コンしたい!。
実に面白そう…

32話

量子力学／「粒子」であり「波」でもある

量子力学についてもう少し説明しましょう。物質はじつは、「粒子」的な性質と「波」の性質を併せ持っていて、〝ミクロ〟の世界では、それを顕著に見ることができます。

私たちの日常のマクロの世界ではたとえば、私たち自身が「波」の性質を持っているなんて考えられないですよね。でも〝ミクロ〟の世界で、たとえば電子は二つの性質を顕著に持ちます。電子は1個、2個と数えられる「粒子」でもありますが、「波」の性質もほどよく持ちます。この「波」の性質のために、牢屋(ろうや)に閉じ込めておいても、牢屋の外に染み出して、牢屋から抜け出してしまう確率があるのです。

ここで、注意すべきは、量子力学は〝ミクロ〟の世界のみに適用可能で、私たちのマクロの世界には使用できないというわけではないことです。私たちの世界の物理法則は、量子力学を用いても正しい結果が得られます。つまり、私たち自身も「波」の性質を持っていて、牢屋に閉じ込められても外にスルッと抜け出すことができる確率は、完全にゼロではありません。ただ、その確率は非常に小さく、限りなくゼロに近いのです。〝ミクロ〟の世界の粒子たちのほうが「粒子」と「波」の性質をほどよく併せ持ちます。

このことを説明するのに最も適しているのが、二重スリットの実験です。二つの小さな穴をあけた板（スリット）に、電子を機関銃のように打ち込み、その背後の壁に残る跡から、電子（弾丸）がどのようにやって来たかを測定する実験です。

もし、電子が「粒子」だとすると、二つの穴を通り抜けて、どこに一番多く分布するかといえば当然、二つの穴の背後です。壁には打ち込まれた弾丸が密集した箇所が二つできるでしょう。しかし、実際の弾痕は、お風呂で水面に2本の指でチョンチョンと波紋をつくったときのように、波が強め合うところと弱め合うところができて、生まれる縞（しま）模様「干渉縞」になります。これは、電子が弾丸のような「粒子」ではなくて、「波」として振る舞うことを示しています。

ここで面白いことは、二重スリットの後ろに、どちらの穴を通ったか判別できる装置を付けたら、干渉縞は消えてしまい、電子は弾丸のように穴の裏側の2ヵ所にだけ多く打ち込まれるということです！　そして、この判定装置を取り外すと、また、干渉縞が復活します！　これは驚きです。

どちらを通ったか判定することは、電子を粒子として扱うということです。そのときは、電子は「粒子」として振る舞います。判定装置を取り外すことは、電子がどちらの穴を通ったか見ない（電子を粒子として扱わない）ことで、この場合は、電子は「波」として振る舞うのです！

そうすると、たとえば、A地点から発射された電子がB地点にたどり着く確率を知りたいとします。「そんなのA地点からB地点を結ぶ直線をたどって100％の確率でB地点に到着するに決まってるじゃん」と思うでしょう？　でもそれはニュートン力学による近似であって正確ではありません。「波」の性質を考慮した量子力学による計算をしないと、現実の世界で起きることを正しく記述できないのです。さてどうやって計算したらよいでしょう？

そこで、私の大好きなファインマンさんは考えました。だったら「この宇宙全体に、仮想的に無限大の大きさの無限個のスリットを敷きつめておいて、それからスリットの穴をボコボコあけまくって最後には穴だけにしてスリットがなくなったと考えたら」量子力学の計算をしたことになるのではないか？

そうです、これが、最先端の量子力学のつくり方で、計算方法です。大学生は量子力学というと、波動関数を習って、シュレーディンガー方程式を習って……のように思うでしょうが、それは古いやり方で、ファインマンのやり方のほうが新しく、かつ、本質的な理解に合っています。

たとえば電子がA地点からB地点にたどり着くのに、A地点から直線をたどってB地点に行くと単純に考えるのではなく、アンドロメダ銀河を経由したり、アイドルのコンサート会場を経由したり、宇宙全体のありとあらゆる経路を、どこをたどったのか見ないようにします。そうすると、A地点からB地点まで電子がたどり着く確率が正しくわかり、実験の結果もまさにその通りになります。

また、電子はマイナスの電荷を持つので、電気や磁気の力を受けます。この電気や磁気の力は〝ミ

クロ〟で見ると、電子が電磁力の素粒子である光と相互作用することを意味します。電子が、ある場所からある場所まで行くときには光との相互作用も考えなければいけません。つまり、電磁気学の量子力学が必要になります。それが量子電磁気学で、ファインマンの上記のやり方でつくることができます。ファインマンや朝永振一郎先生がつくったこの量子電磁気学は1兆分の1の精度で理論と実験が合致する、科学史上最高の理論です。

量子電磁気学（Quantum ElectroDynamics）の英語を略すとＱＥＤ。そう、数学の「証明終わり」を意味するラテン語ＱＥＤと同じです。

33話

場の量子論はミクロから宇宙まで記述する

私たちの身の回りのマクロの世界ではたとえば、人は波としては振る舞いません。二つのトンネルが並んでいたとしても、二つのトンネルを同時に通り抜けることなんかできっこないですよね。

二つのトンネルが海の表面にあったとしたら、海の波は二つのトンネルを同時に通り抜けて、トンネルの背後の砂浜にやって来られます。そして、さらに干渉縞をつくるでしょう。これは、波だから可能なわけです。人にはとうてい無理な芸当です。これは、人には波の性質がほぼないことを意味します。

一方、〝ミクロ〟の世界の電子は粒子としてだけではなく、波の性質も顕著に持っています。これこそが、量子力学の醍醐味(だいごみ)です。量子力学で電子や粒子の状態を「波動関数」と呼ぶのもそうした理由です。

ここで大事なのは、〝ミクロ〟の世界を記述する量子力学と、高校までに習うマクロの世界の力学であるニュートン力学（古典力学）は、矛盾（敵対）した関係ではないことです。私たちのマクロの世界の運動は、量子力学を使っても正しく記述できます。逆に、〝ミクロ〟の世界はニュートン力学では記述できません。

つまり、この世界の正しい力学の理論は、ニュートン力学ではなくて量子力学なのです。ただ、人の体には波の性質はほぼないように、マクロのものには波の性質はあまりないので、ニュートン力学による近似はとてもよいのです。

以前お話ししたのですが、物体の運動が光の速さに近付いたときにはニュートン力学は使えずに、相対性理論を使わなくてはいけませんでした。これも状況は似ていて、相対性理論を使って、（物体の速さが光速よりも十分遅い）ニュートン力学の計算はすべてできますが、逆はできません。つまり、正しい力学の理論はニュートン力学ではなくて相対性理論なのです。

混乱してしまうかもしれませんが、運動を記述する正しい力学を見つけるためには二つの更新（修正）の方向があるのです。一つはスピードを速くすることで見つけた相対性理論であり、もう一つが〝ミクロ〟の方向へ進むことで見つけた量子力学です。私たちの世界を支配する正しい力学は、この二つなのですね。

そして、二つの更新を両方行うことで「相対論的量子力学」をつくることができます。しかし、この理論には、エネルギーが一番低い状態（真空）を決められない問題があり、それを改良したのが「場の量子論」です。「場の量子論」を使うことで〝ミクロ〟の世界から宇宙までを正しく知ることができるようになるのです。

「場の量子論」によって、反粒子の存在が予言できます。また、β（ベータ）崩壊を引き起こす弱い相互作用は「左巻き」のクォークやレプトンにしか働かないとお話ししましたが、この「左巻き」「右巻き」

という回転のようなもの（スピンといいます）も、場の量子論を考えることにより正しく理論に組み込まれます。

また、電子と、電子の反物質である陽電子がぶつかって消滅し、γ線を出すことを利用したPETという医療機器のお話をしました。このように粒子が消滅する現象を量子力学で記述することは不可能で、場の量子論が必要になります。

ところが‼　この理論を使って、たとえば電子の質量を計算しようとすると、なんと「無限大」になってしまうのです。実際には、電子の質量は約０・０００……１グラム（０が27個続きます）のように小さなものであるにもかかわらず、計算結果は無限大になってしまいます。これでは、何の役にも立ちそうにありません！　朝永先生もとても悩みました。この無限大を何とかするために考えられたのが「繰り込み」理論です。「無限大」を実験値に置き換えて繰り込んで（隠して）しまおうというものです。

「繰り込み」を用いた量子電磁気学の場の量子論は、実験ととてもよい精度で一致します。この科学史上最高の理論をつくった功績で、朝永先生、ファインマンさん、ジュリアン・シュウィンガー博士はノーベル賞を受賞しています。

繰り込みが世に出たとき、無限大を取り除くこの操作は「じゅうたんの下にごみを隠す」ような、その場しのぎの単なる対症療法であって、ちゃんとした理論とはほど遠いように思われていました。実際、朝永先生は繰り込みのことを「理論」とは決していいませんでした。

皆がこの無限大に頭を悩ませていたときにさっそうと登場したのが、ケン・ウィルソン博士です。彼は、コロンブスの卵のようにまったく異なる視点で、ミクロ（高エネルギー）の世界とマクロ（低エネルギー）の世界をつなげる法則を見つけました。

たとえば、森（マクロ）を見るためには個々の木（ミクロ）に固執せず、遠く離れた場所から眺めればよいですよね。個々の木から少しずつ離れていくときに、森の見え方がどのように変わるのかを観察することが大切です。ウィルソン博士がつくった「繰り込み群理論」とは、そういう観察方法です。

繰り込み群理論によって、無限大は本質的な困難ではなかったことがわかりました（悩み損だったわけです）。さらに、この理論は素粒子物理学だけでなく多様な自然現象にも適用できることがわかっています。たとえば、水が沸騰して水蒸気になるような現象を相転移現象といいますが、いろいろな物質が相転移をするときに（温度の変化に対して）同じような振る舞いをすることが「繰り込み群理論」によって示され、実験で確かめられています。

ウィルソン博士によって示されたミクロの世界とマクロの世界のつなげ方は、自然の正しい見方を教えてくれました。この業績で博士はノーベル賞を受賞しています。

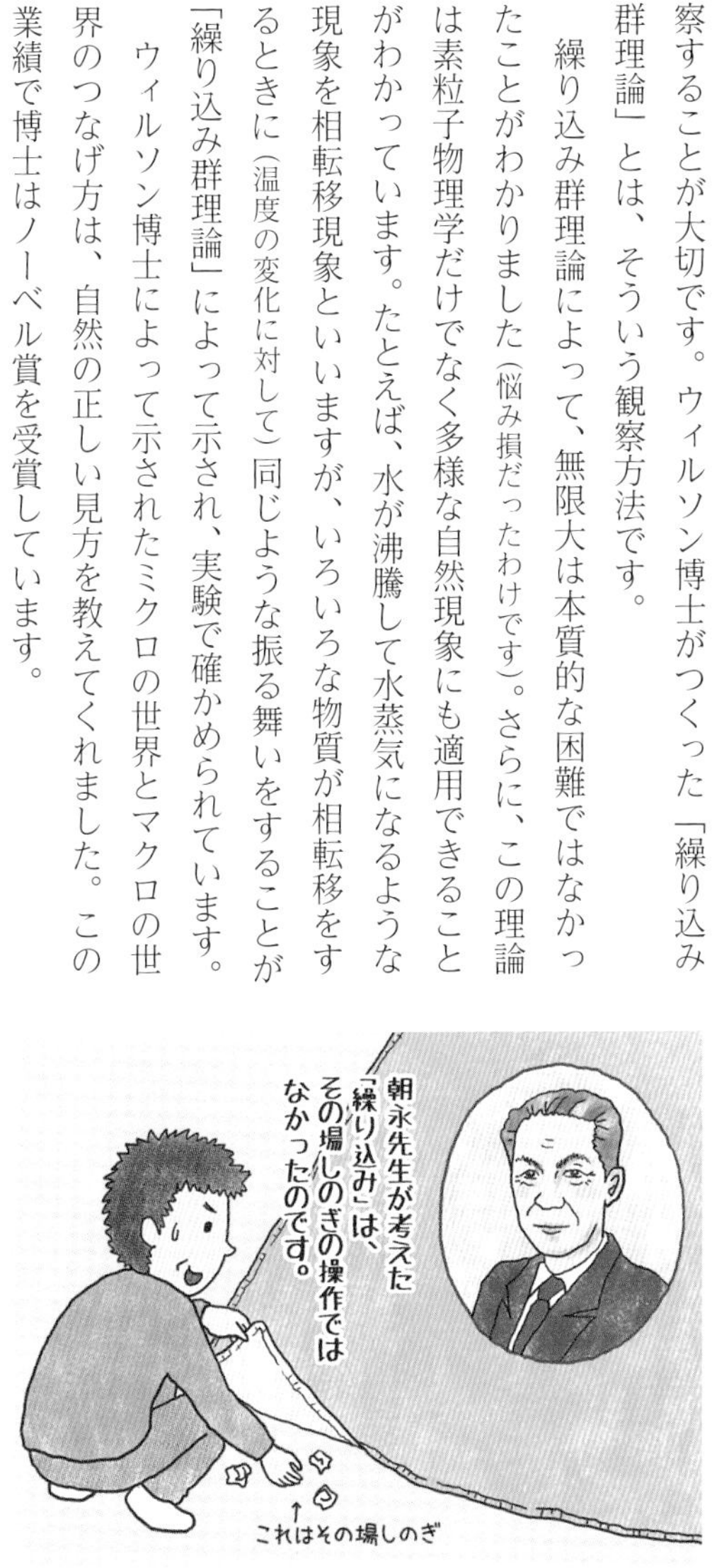

34話

量子力学がマクロ世界に現れる超流動と超伝導

分子や原子のような〝ミクロ〟の世界の力学である量子力学は、マクロの世界の力学であるニュートン力学とは随分違うことをお話ししてきました。

マクロの世界ではエネルギーが足りずに越えられなかった山を、スルッと通り抜けてしまったりするなど、〝ミクロ〟には不思議な世界が広がっています。そんな〝ミクロ〟の世界はニュートン力学では記述できないのです。

そんなことといわれても、「原子のような〝ミクロ〟の世界は見られないしなあ……」と思うかもしれません。しかし、量子力学はマクロの世界にも現れることがあります。そんな例を紹介したいと思います。

一つ目は「超流動」です。コップに入れた水を思い浮かべてください。傾けない限り、こぼれませんよね。当たり前です。そうじゃなかったら大変ですよね。また、家庭用流しそうめん器のようなドーナツ状の容器に水を入れて、そうめんを流す前に、手でかき混ぜて水の流れをつくっても、流れはすぐに止まってしまいます。コンセントにつないでポンプで水の流れをつくってやらないと流しそうめんはできませんよね。

さて、風船や気球に使われるヘリウムは、元素の中で最も低い温度にしないと液体にはなりません。絶対零度（摂氏マイナス273・15度＝0K（ケルビン））に近い4.2K（摂氏マイナス268・95度）まで冷やしてやっと液体になります。そして、液体になったヘリウムを2・17K（摂氏マイナス270・98度）以下に冷やすと「超流動」という不思議な現象を起こします。このとき液体ヘリウムは粘り気がまったくなくなり、摩擦も抵抗もなくなります。

ここで、暖房器具にポンプで灯油を入れることを思い出してください（私の実家では今もそうしていますがもしかして古い？）。ポリタンクに入った灯油の位置を暖房器具のタンクの位置より高くして、ポンプを数回操作して管を灯油で満たせば、（ポンプの操作する位置が高かったとしても）灯油は流れ続けます。これはサイホンの原理といいます。この原理でコーヒーをつくるのは、コーヒーサイホンといいますね。

コップに入れた「超流動」状態の液体ヘリウムは、粘り気も摩擦も抵抗もなくなり、流しそうめん器に入れて流れを一度つくったら、ほぼ永久にグルグルと流れ続けます。また、サイホン現象でコップの壁をスルスルとはい上がり、コップの外（の低い場所）にポタポタと垂れ落ちます。

そんなことは、ニュートン力学では起こり得ません。マクロの物質がエネルギーの一番低い状態に落ち込むという量子力学の現象なのです。

もう一つの例は「超伝導」です。

電線などの金属には、電気抵抗があります。そのために、発電所でつくった電気の多くが家庭に届く頃には、ずいぶん失われてしまいます。電気抵抗は金属内の電子や原子の運動や振動が原因になっていて、熱（温度）はその運動の激しさを表します。絶対零度は熱がゼロの状態ですから、電気抵抗もなくなることが予想されます。しかし、絶対零度よりも温度が高い状態で、特定の金属や化合物などの物質の電気抵抗が急激にゼロになる現象が発見されました。これが「超伝導」で、「超流動」と同じように古典力学では起こり得ない量子力学の現象です。

さて、超伝導現象の一番有名な例は、超伝導体が磁力線を通さなくなる「マイスナー効果」だと思います。これを利用してリニアモーターカーは浮いて走行するのです。

他にも、脳波などの非常に微弱な磁場を測ることができる超伝導量子干渉計をつくることができます。これは、「ジョセフソン効果」と呼ばれる原理を利用しています。

超伝導では、超流動と同じように、エネルギーが一番低い状態にマクロなスケールで落ち込みます。一つの超伝導体には一つの状態があります。二つの超伝導体をつなげると、二つの異なった状態が一つの状態になろうとします。このとき、電圧がないのに、電流だけが流れるという、量子力学を考えない限り説明できないことが起きます。これがジョセフソン効果です。

もし電線を超伝導体で張れたら、電気のロスもほぼなくなり、発電所の数も減らせるし、石油などの化石燃料の節約もおおいにできるでしょう。初めに見つかった超伝導は4・19K（摂氏マイナス268・96度）ですが、たくさんの研究がなされて、135K（摂氏マイナス138・15度）くらいの温度で超伝導を起こす物質が見つかっています。常温で超伝導を起こす物質を見つけたらノーベル賞どころの業績ではないですよね。

他にも、以前お話しした、巨大な原子核でできた「中性子星」は（原子核ですから）マクロな量子力学で記述されるべき物体です。質量が大き過ぎて重力が強く、光すらも出てこられない（マクロの王様）ブラックホールも同様で、車いすの有名な物理学者であるホーキング氏は、量子効果によりブラックホールが蒸発してしまうことを示しています。

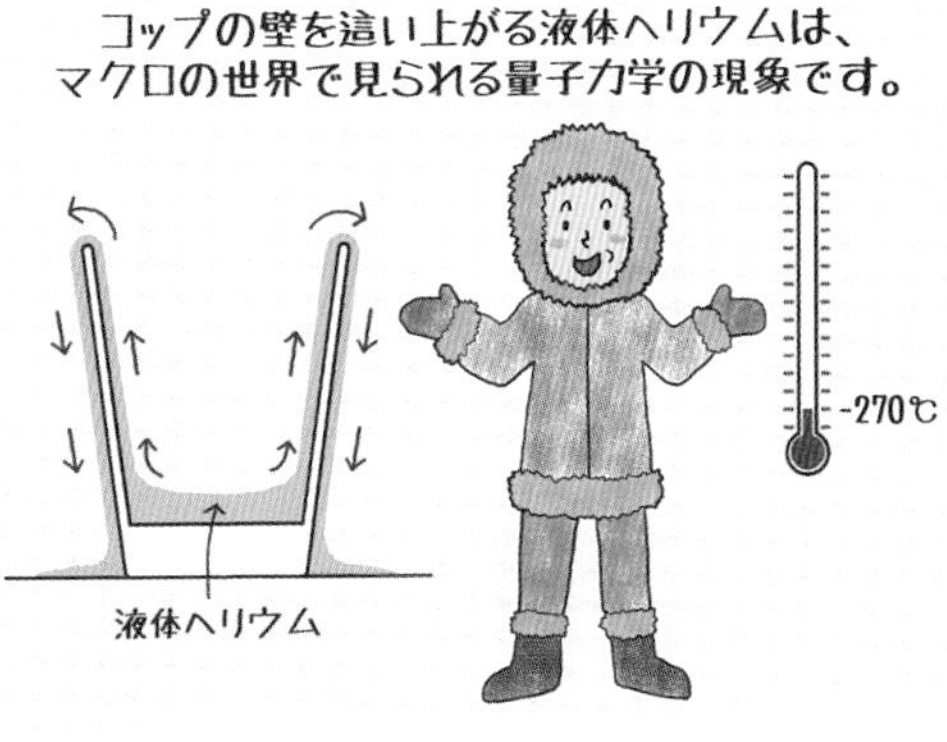

コップの壁を這い上がる液体ヘリウムは、
マクロの世界で見られる量子力学の現象です。

液体ヘリウム

-270℃

35話 力って何？

四つの力

弱い力

ニュートリノ

さて、今までいくつかの「力」が出てきました。復習すると、まず「電気力」と「磁力」です。この二つは、止まっている人からと動いている人からとで違って見えます。アインシュタインの相対性理論で統一され、「電磁力」という力であることがわかっています。

それから、プラスの電荷同士、反発し合う電磁力を打ち消すほど強い引力を持ち、陽子たちを（中性子とともに）くっつけて原子核を構成する「強い力」がありましたね。安直な名付けのような気もしますが、「電磁力」よりも約１００倍強い力です。

それから、木からリンゴが落ちたり、太陽の周りを地球が回ったりする起源である「重力」があります。

そして、ニュートリノが重力以外に感じることができる、電磁力よりもはるかに弱い「弱い力」があります。これも変な名前ですが、「弱い力」はニュートリノのところでもお話ししたように、「左巻き」の粒子にしか働かないとても不思議な性質を持った力です。「そんな力があるの？」と思われるかもしれませんが、身近にもあって、たとえば医療にも使われる放射線の一種、β（ベータ）線を引き起こす力です（β線はいわば「左巻き」なのですね）。

これらの四つの力以外にも「力」と名前が付くものはたくさんありますよね。「摩擦力」「抗力」「私の魅力」……。これら身の回りのほとんどの「力」は、本質的には「電磁力」です。たとえば、「あの子、かわいいわ～、魅力あるわ～」って思うとき、まず、「光」がその子にぶつかって電磁力で反射します。そして、網膜に電磁力で情報を与えて、それが電磁力で神経を伝わり、電磁力で脳が「かわいい」と判断するわけです。

違う例を挙げましょう。手で扉を押すと、扉に手の「力」が加わって扉が開きます。このときの「力」の本質は、手のひらの原子を回る電子と、扉の原子を回る電子との電磁力からの反発力です。この電磁力がもしなかったとしたら手が扉を突き抜けちゃう（もちろん、手や扉を形成する大量の原子たちも電磁力によって結び付いています）。

そう考えると、地球上に立っていられるのだって、足の裏の電子と地球の表面の電子が電磁力で反発しているからなわけです。電磁力がなかったら、地球の重力に引きずられて、ずるずるずると地球の中心まで落ちていってしまいます……。

このように、ほとんどの力は元をたどると四つの力に帰着します（星の進化で重要になった「縮退圧」はこの四つとはまったく別の力です。また、ヒッグス粒子を交換することによって生じる力も別の力です）。四つの中で一番強いのが「強い力」で、「電磁力」「弱い力」「重力」の順番に弱くなります（正確には「弱い力」は非常に近距離間でしか働かないために見かけ上弱くなっていて、超ミクロの素粒子の世界での相互作用の強さの順番は「電磁力」と「弱い力」が逆転します）。

四つの「力」はゲージ理論という理論で記述されます。そして、「力」が働くときには、力を伝える素粒子である「ゲージ粒子」が間を飛んで（まるでキャッチボールをするかのように）「力」が伝わります。

たとえば、電子と電子の間に「電磁力」が働くときは、電子と電子の間を電磁力のゲージ粒子である光を粒子として見る「光子」をキャッチボールすることで電磁力を伝えています。「電気力」とか「磁力」が働いているときは、「光子」をやり取りしているのです。

恋人の手を握ってぬくもりを感じるとき（けんかしてお皿が飛んできて痛いと感じるとき）、手と手の間（お皿と額の間）を無数の「光子」が行ったり来たりしているのです。「重力」を伝える素粒子は、未発見ではありますが、存在すると考えられており、「重力子（グラビトン）」と名付けられています。

「弱い力」を伝えるのは、「W^+、W^-粒子（Wボソン）」、「Z粒子（Zボソン）」と呼ばれる三つの素粒子です。四つの力を伝えるゲージ粒子の中で、$W^{\pm}$粒子とZ粒子だけが質量を持っています。質量を持っているので、飛びにくいのです。だから、弱い力は伝わりにくくて「弱い」んですね（この現象は、超電導体の中で光が質量を持ち、電磁力が伝わりにくくなること（マイスナー効果）と同じです。これは、あとに述べる「対称性の自発的破れ」の一例です）。

「強い力」を伝えるのは、「グルーオン」という八つの素粒子です。グルーオンが三つのクォークの間を行ったり来たりすることで「陽子」や「中性子」が構成されています。また、クォークと反クォークの間を行ったり来たりすることで「中間子」がつくられます。

ここで、少し混乱することがあります。「強い力」を伝えるゲージ粒子は、質量を持たない、グルーオンなのですが、以前に書いた中間子の説明で、強い力を媒体とする粒子は、湯川秀樹先生が予言したπ（パイ）粒子などの中間子だとお話ししましたよね。

確かに陽子や中性子を結び付けているのは中間子の「交換」で正しいのですが、その中間子自体が、微視的に見ると、クォークと反クォークの間にグルーオンが交換されることで構成さ

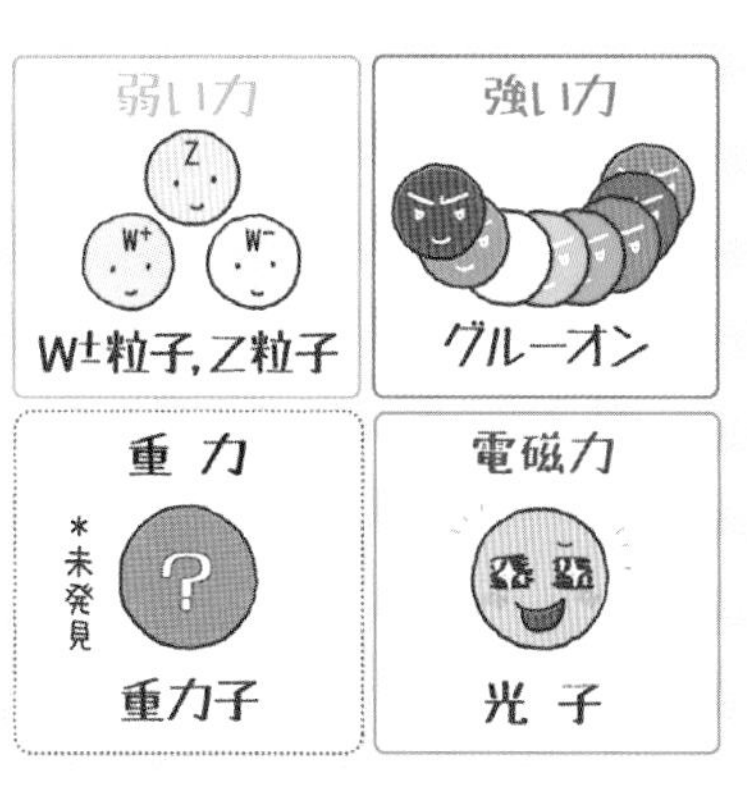

れているのです。そうやってできた中間子の交換で、陽子や中性子が結び付いている2段階の階層構造になっています。でも、根本的には、グルーオンが強い力を伝えているということなのです。

それ以上細かく分解することのできないものを素粒子と呼びましたね。電子のような物質の素粒子(クォークとレプトン)はぶつかると痛い、いわば「硬い」もので、フェルミオンと呼ばれます。それに対して、力を伝える素粒子はぶつかっても痛くない「柔らかい」もので、ボソンと呼ばれます。ですからゲージ粒子はゲージボソンとも呼ばれます。素粒子にフェルミオンとボソンが存在することは、場の量子論で示せます。

36話　ゲージ理論／ため息が出るほど美しい

小学校で習う算数って難しいですよね。私の前の世代では「鶴亀算」なんてのを使ったりしたそうです。しかし、小学校の算数の難問でも、中学で習う方程式を使うと簡単に解けます（ただ、中には難しい問題もあって、テレビの教養バラエティ番組を見ていて中学入試問題が出たとき、本気で取り組んでも解けなくて、へこんだことがあります……）。

同じように、高校で習う電磁気学ってすごく難しいです。「右ねじの法則」とか「フレミングの左手の法則」とか、指をあーやったりこーやったり…どの指が電力だったたっけ？ってパニックになったりして……。「もうええわ。こんなん嫌いじゃ～！」って思ったのは私だけじゃないはずです。そうして、物理が嫌いになってしまう気持ちはよくわかります。学生時代から今まで、「物理学を専攻しています」と自己紹介すると、ほとんどの方（とくに女性）から「物理嫌いだった～」といわれますもの。

電磁気学って難しい～って状況は、大学で電磁気学を学ぶと、かなり改善されます。「右ねじの法則」も「フレミングの左手の法則」も「クーロンの法則」も「ビオ・サバールの法則」も、すべての電磁気学の法則は、マクスウェルの四つの微分方程式さえ知っておけば、全部出てくることがわかります。

四つだけ覚えればよいわけです。しかし、それでも、まだ、複雑というか、う～ん、四つも覚えるの面倒くさいですよね。はっきりいって受験勉強のような暗記は二度としたくありません。

電磁力以外の三つの「力」を記述するのも、電磁気学のような微分方程式です。でも、じつは、もっと奥深くに力を記述する理論があります。それは、前話でもお話しした力を伝えるゲージ粒子の理論である「ゲージ理論」です（ゲージというのは、ものさしや尺度という意味を持つ言葉ですが、その語源はあまり気にしないでください）。

四つの力はこの「ゲージ理論」で完璧に記述されます。たとえば、「電磁力」のゲージ理論は、四つの中で一番簡単な数学を使って非常に美しくつくられます。電磁気学の基本方程式であるマクスウェルの四つの方程式も、全部一気に導かれます。四つ覚える必要も暗記する必要もまったくないのです。

「強い力」や「弱い力」は、もう少しだけ複雑な数学で構築できます。そこから「弱い力」を伝えるWボソンとZボソンの存在が示せますし、「強い力」を伝えるグルーオンが八つあることも簡単に証明できます。「重力」もやはり「ゲージ理論」で、そのことを示したのが日本人の物理学者である内山龍雄(りょうゆう)先生です。

どんなに美しい理論でも実験で確かめられなかったら、（数学にはなっても）自然科学ではありません。ゲージ理論は実験で実証できます。たとえば、アハラノフ・ボーム効果と呼ばれるゲージ理論が予言する現象を、日立製作所の外村彰さんが１９８６年に実験で実証しました。大学ではなく民間の人がこのような偉大な基礎研究の実験を成功させていることに、深く感銘を受けます。

ゲージ理論を初めて学んだとき、私は宇宙の真理を少しだけ垣間見た気がして、ものすごい感動と衝撃を受けました。そして、あまりにも美しいがゆえに、この理論を知らずに死んでしまう人がほとんどであるのはあまりにも惜しいと思いました。そして今、大学でゲージ理論の本質をわかりやすく教えています。学生たちも感嘆の声を上げます。「この宇宙ってやばいですね！」と。

「空はなぜ青いの？」「夕日はなぜ赤いの？」……。なぜ？なぜ？と身近で疑問に思う現象はたくさんあるでしょう。小さい頃は誰もがそんな疑問をたくさん持っていたはずですが、大人になるにつれ、当たり前のこととして、問いを発することを忘れてしまったように思います。空の色や夕日の色だって、ずっと疑問に思い続けて解明に取り組んだら最先端の物理学にたどり着きます。

同じように、古典力学の運動方程式や電磁力のマクスウェルの方程式は微分方程式ですが、「なぜ、そんな微分方程式で力が記述されるの？」という勉強し始めたときに疑問に思ったことも、難しい計算をするうちに向けてだんだんと忘れ、同時に物理が嫌いになってしまった人も多いのではないかと思います。

この疑問を小さい子どものように思い続け、その本質は何かを深く追求し続けた結果、根本の原理として、非常にシンプルで美しくエレガントな原理、ゲージ理論にたどり着いたのです。

37話

重力は量子力学になれるか？

電磁力が光（ゲージ粒子）を飛ばすことで伝わるように、重力にも電磁力の光に相当する波があるはずです。それが、22話でも紹介した重力波です。

一般相対性理論が１９１６年に提唱されて以来、重力波を見つけようと世界中の研究者が挑戦してきました。しかし、重力は電磁力に比べて非常に弱い（電磁力の強さを1としたら重力の強さは10の36乗分の1＝０・００００……1、ゼロが36個です！）ので２０１６年まで確かめられなかったのです。

たとえば、地球は太陽の重力で太陽の周りを回っています。仮に、今の瞬間、太陽が消滅したとしましょう。地球はその瞬間、（カウボーイが投げ縄をぐるぐる回してから投げ放つように）飛び放たれるはずです。これが、ニュートン力学の予言ですね。でも、これは相対性理論とは矛盾します。太陽から地球まで光の速さで約８分かかります。ですから、太陽が消えた情報を地球が感じるのも約８分後のはずなのです。

つまり、地球が太陽の束縛から解放されて飛び放たれるのは約8分後になるはずです。もし本当に太陽を消滅させることができたとしたら、ニュートン力学は間違いで、重力は徐々に伝わらないといけない、そして、その伝わるスピードがわかるはずです。でも、太陽を消滅させる「実験」なんかできるわけないですよね。

重力波の存在を見つけるためには、強い重力源、たとえばブラックホールの衝突などで放出されるものを観測するしか方法がないのです。それで重力波がついに見つかりました。

じつは、重力波の存在検証は、１９７４年にすでになされています。それは、非常に重い二つの中性子星が互いの周りをグルグル回っていると、互いの重力の引力でだんだんと近付いていきます。その状況を観測したら、一般相対性理論で重力波が発生したとした計算結果と一致したのです。

これは、間接的にではありますが、重力波の存在を示したことになります。その業績で、ハルス先生とテーラー先生は１９９３年にノーベル賞を受賞されています。

以前にお話ししたように、量子力学では、すべてがつぶつぶになります。連続だと思っていたものが、数えられるつぶつぶなのです。宍道湖（しんじこ）の水は連続したものに見えますが、ミクロには水の分子というつぶつぶになっていますし、分子はさらに細かく見るとクォークとレプトンになっていましたね。

電磁力を伝える粒子は光です。二つの波がぶつかったときに、波の高いところ同士はより高くなりますし、波の高いところと低いところは打ち消しあって平らになります。これは干渉という現象ですが、干渉を引き起こすのは波です。光は干渉しますから、波です。でも、粒子でもあります。放射線の一つであるγ（ガンマ）線は光ですが、ガイガーカウンターで1個、2個と数えられます。

量子力学が教えてくれるのは、光だけではなく、素粒子はすべて、物質の素粒子（クォークとレプトン）も力を伝える素粒子（ゲージ粒子）もすべて、波でもあり粒子でもあることです。量子力学の世界では、すべてがつぶつぶになっているので、光もつぶつぶになっているのです。

さて、同じように考えると、重力波が見つかったわけですから、重力を伝える粒子もあるはずです。それが、まだ見つかっていない「重力子」です。

ただし、重力を量子力学にするのはとても難しくて、今でも世界中の理論物理学者が一生懸命努力していますが、まだ成功していません。重力は中学校や高校で最初に習う力なのにじつは、一番難しいのです。

重力がつぶつぶだとすると…
時間も空間もつぶつぶ…？

重力は時間と空間のゆがみ具合であることも、22話で説明しました。そうすると、時間や空間のゆがみ具合のつぶつぶを考えなくてはいけないということになります。それを数学できちんと記述するのが非常に難しいのです。

そういうわけで「重力」は、他の三つの力「電磁力」「弱い力」「強い力」とは一線を画して量子力学にするのが非常に難しいのです。しかし、とても有効だと思われている理論があります。その名は

「超ひも理論」です（「超弦理論」とも呼ばれます）。すべての素粒子、クォークもレプトンも力を伝えるゲージ粒子も、そして、ヒッグス粒子も、すべてミクロに見ると「ひも」からできているというものです。

超ひも理論は、重力の量子化を実現する代わりに、時間と空間にとんでもない要請をします。私たちの宇宙の空間は3次元ではなくて、あと6次元ないと理論が完成できないというものです。えー!?ですよね。私たちの空間は縦横高さの3次元しかありません。でも、それだと重力の量子力学をつくることはできないのです。もしかすると余分な6次元空間はどこかに隠されているかもしれません（ドラえもんのポケットのように！）。

じつは、余分な空間があるといろいろな面白いことが起きたり、未解決問題が解けたりする可能性があります（詳しくは後ほど）。

超ひも理論は多くの物理学者が徐々につくり上げ、今も発展しています。興味深いことに、重力理論とはまったく関係ないと思われていた、超電導の理論やプラズマ物理などの計算に使えることもわかってきました。これは大きな驚きです。

超ひも理論の初期の段階で非常に大きな貢献をした人物が南部陽一郎先生です。

時間のつぶつぶ…，空間のつぶつぶ…，
超ひも理論…，9次元の空間…
量子力学は発展し続けているのです！
ひも→
←ひも
波

38話

南部理論とヒッグス粒子／「自発的対称性の破れ」とは

これまで、物質の素粒子「クォークとレプトン」、四つの力を伝える素粒子「ゲージ粒子」を見てきました。現時点で、（それ以上分解できないと思われている）素粒子は、これで全部かというと、あと一つあります。「ヒッグス粒子」です。

じつは、ヒッグス粒子は、弱い力を伝えるゲージ粒子であるW粒子とZ粒子に質量を与えるばかりでなく、クォークとレプトンに質量を（「自発的対称性の破れ」を介して）与えます。つまりヒッグス粒子が、陽子、中性子、電子、つまり、原子の質量、つまり、私たちの体重を（「自発的対称性の破れ」を介して）つくり出しているのです！　すごく重要な粒子なのですね。

仮に、電子や原子核（陽子や中性子）に質量がなかったとします。相対性理論から、質量を持たないものは必ず光速で飛ばないといけませんでした。すると、電子も原子核も光の速さで飛ぶしかありません。止まっていられませんし、電子が原子核の周りをグルグル回ることもできません。だって、電子が原子核の周りをグルグル回るためには、原子核より速いスピードになったり遅いスピードになったりしなければいけませんよね。

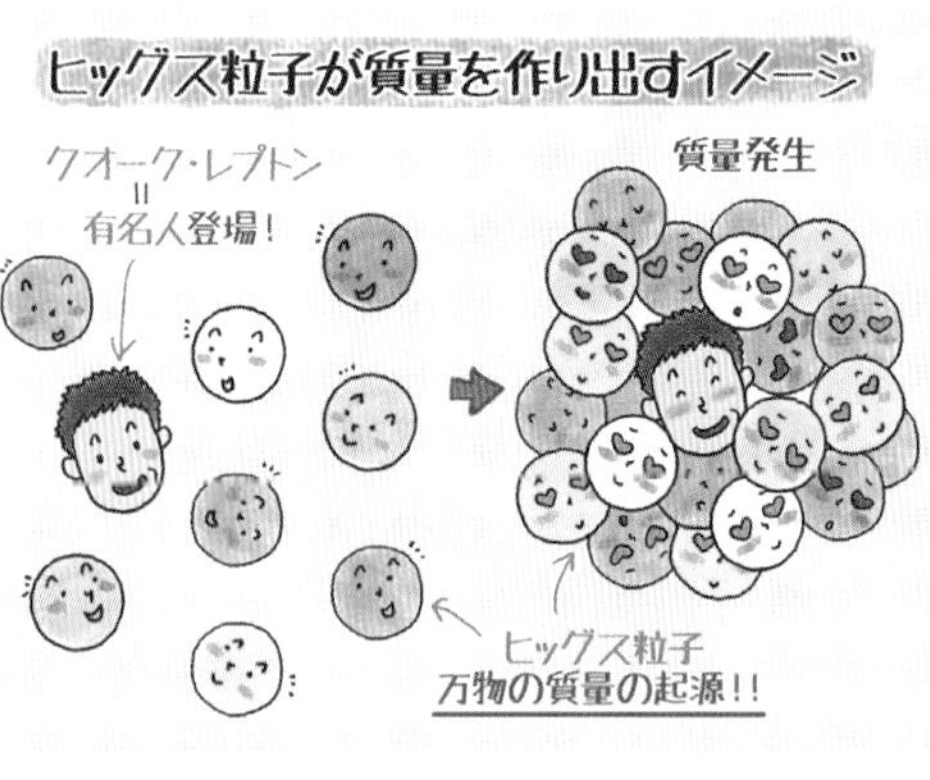

というわけで、質量がなければ、原子をつくることができません。原子がつくられなかったら、地球も、太陽も、太陽系も、銀河もできないし、当然、海も、生物も、人間も、存在できません。つまり、質量は、万物の起源なのです。

その「質量」をつくり出す素粒子が「ヒッグス粒子」です。質量は万物の起源であって、ヒッグス粒子はその質量の生みの親です。だから「神の粒子」と呼ばれるのです。

光速で飛んでいた粒子があちこちぶつかってまっすぐ飛べなくなると、粒子の速さは遅くなります。相対性理論が示すことは、「粒子の速さが光速より遅くなる＝質量を持つ」ということでしたね。その粒子がぶつかる相手が、ヒッグス粒子なのです。

ヒッグス粒子は、英国のヒッグス博士の名前から付けられましたが、この大発見に誰が最も貢献したかというと、南部先生だと思います。

南部先生がノーベル賞を受賞されたときにテレビの解説者がデタラメをいっていました。コメンテーターも、最後には、「難しくて一般人にはまったくわからないですね」と、物理学者を浮世離れした仙人のようにいっていました。同じ年にノーベル化学賞を受賞された下村脩先生のクラゲの研究は門外漢でもわかりやすかったぶん、南部先生や小林誠先生、益川敏英先生の素粒子物理学の難しさがより際だった格好になっていました。

南部先生の業績を理解するのは確かにとっても難しいのですが、「自発的対称性の破れ」の本質を理解することはできます。

例を挙げましょう。正方形の四つの頂点にある都市を光ファイバーでつなぐとき、費用を最少にするため、ケーブルの長さを最小にしたいのですが、どんな配線をしたらよいと思いますか？　真っ先に思うのは、４地点を「バッテン」の線でつなぐことではありませんか？　対角にケーブルを伸ばし、交差させる。私も初め、そう思いました。

しかし、実際にやってみると、答えはホンダのマークのようなや、それを90度回転したようなが、ケーブルの長さが最小になります。やの交差点のところは１２０度になります。

これは、シャボン玉の液体に立方体の針金を入れて引き上げたら、１２０度の交差面ができることと同じです。小学校の修学旅行で名古屋市の科学館に行ったときにこの実験を自分でしたことを覚えています。シャボン玉液は引っ張り合うので表面積が最小になるように面がつくられます。それと同じように、最小の長さになるときは１２０度の角度を持つつなぎ方をしたときなのです。

これが「自発的対称性の破れ」のよい例です。

さあ、もっと説明していきましょう。まず「対称性」とは何か？　バッテンで結んだ四角形は90度回転、１８０度回転、左右反転、上下反転のすべての操作（変換）をしたあとで図形は元に戻ります。

物理学では「ある変換をしたとき、元と変わらない場合、その変換に対する対称性がある」といいます。たとえば、ドラえもんは、左右を入れ替えても変わらないので左右変換に対する対称性があります（物理学で対称性はとても大事です。たとえば、ラグランジアンという量があるのですが、ある物理系に対してラグランジアンが、時計の針を進める変換をしても変わらない場合、「エネルギーが保存される」ことが保証されます。

また、ある方向に移動させる変換をしても変わらない場合、「この方向の運動量が保存される」ことが保証されます）。

先のケーブルの例に戻ります。バッテンで結んだ四角形は、90度回転、180度回転、左右反転、上下反転をしても元に戻りますから、たくさんの対称性があります。

一方、＞－＜マークで結んだ四角形には、180度回転、左右反転、上下反転はありますが、90度回転の対称性はありません。つまり、＞－＜（やＹ字）マークの四角形の対称性は「バッテン」マークの四角形に比べたら対称性が低いわけです。でも、この＞－＜（やＹ字）マークのときに、ケーブルの長さが最短になります。

冬の上空で水が凍ったときにできる雪の結晶は、一番対称性が高い球状ではなくて、120度の角度を持った美しい六角形状のものになりますよね。*

このように、自然界は、必ずしも一番対称性が高い状態を選ぶわけではないのです。こういう状態を「自発的対称性の破れ」といいます。

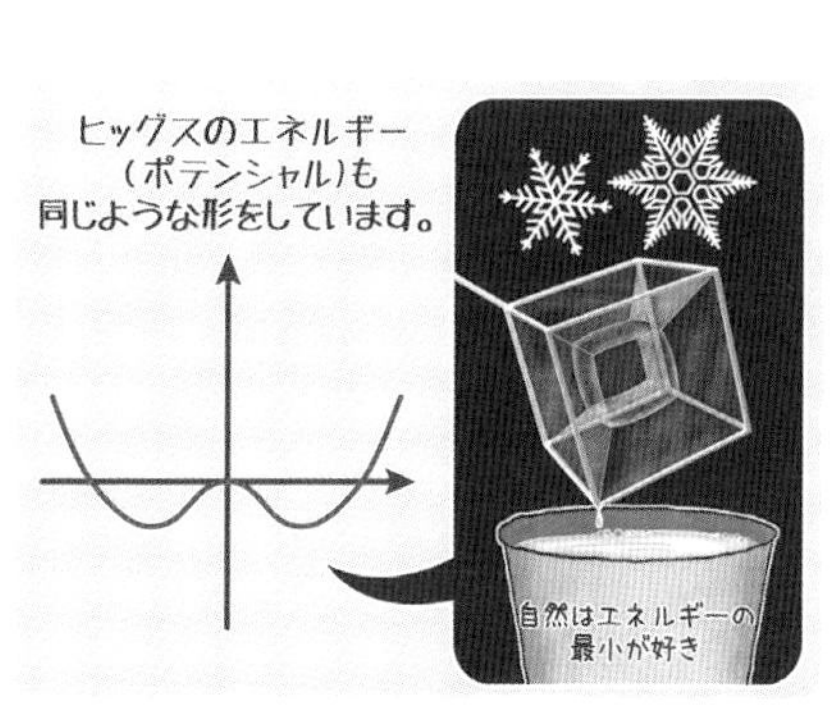

* 氷の場合は水分子の構造が120度を決めています。

39話

南部理論とヒッグス粒子／超伝導を相対性理論で考える

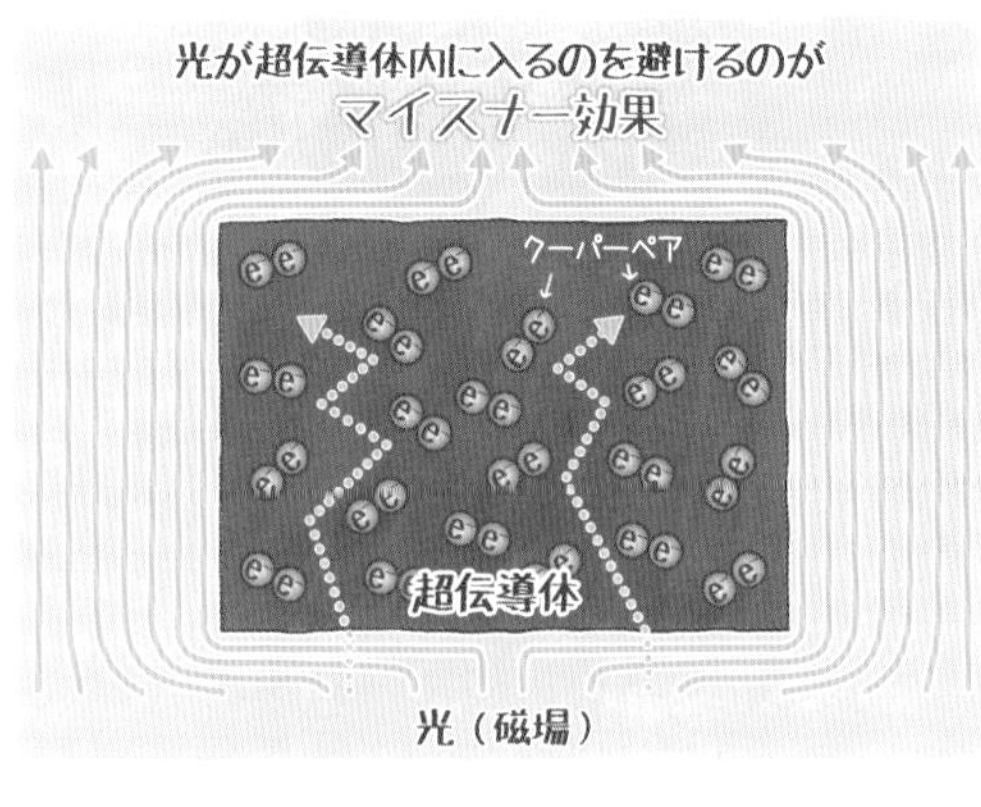

素粒子のクォーク、レプトン、ひいては、すべての原子に質量が生み出されるのも（「弱い力」を伝えるW粒子やZ粒子が質量を持つのも）、「自発的対称性の破れ」のおかげです。ヒッグス粒子の状態が、対称性が低い状態になっているためなのです。

「超伝導」も自発的対称性の破れの例です。「超伝導」とは、電気抵抗がなくなる状態で、ある種の金属を冷やすことで実現される状態でしたね。

超伝導体の内部では、光（磁場）が「対称性の破れ」の余波で質量を持ってしまうので、磁力線（光）が内部に入り込みにくくなります。つまり、磁場（光）は、わざわざ重たい体を引きずって、超伝導体の内部をワッセワッセと進むよりは、超伝導体を避けて通ったほうが、楽なのです。これが、マイスナー効果の本質で、超伝導体が磁石の上で浮くのです。リニアモーターカーが地表から浮かぶ原理ですね。

この原理が、私たちの宇宙にある質量の起源のメカニズムと同じではないのかと考えて、相対性理論にしたのが、ヒッグス理論です。

相対性理論では、質量を持たないものは光速でしか飛べないことを説明しました。光があちこちぶつかってまっすぐ飛べなくなると光の速さは遅くなります（相対性理論は、光の速さが光速より遅くなる＝質量を持つということを示しましたね）。

「超伝導体内部」では、質量のない「光」がぶつかる相手が、「電子が二つ組になったもの（クーパーペアといいます）」であり、「私たちの宇宙」では、質量のない「クォークとレプトン、W粒子やZ粒子」がぶつかる相手が、「ヒッグス粒子」です。

つまり、私たちの宇宙はある意味、超伝導体の内部みたいなもので、そのために万物（クォーク、レプトン、W粒子、Z粒子）の質量が生み出されたのです（じつは、ヒッグス粒子の質量もヒッグス粒子が自分自身と相互作用して生じると考えられます）。

このように、「超伝導」理論を相対性理論にしたものがヒッグス理論なのですが、じつはヒッグス粒子「だけ」が質量を生み出すのではありません。

たとえば、水素原子は陽子と電子からできていますが、陽子の質量は電子の質量の約1836倍なので水素原子の質量は陽子の質量と同じだと思っていいでしょう。

その陽子は、アップ・クォーク二つとダウン・クォーク一つからできています。アップ・クォークとダウン・クォークの質量はヒッグス粒子から与えられて、それぞれ3メガ電子ボルトと5メガ電子ボルトくらいです。

そうすると陽子の質量は11メガ電子ボルトになりそうですが、実際には938メガ電子ボルトくらいです。バラバラのクォーク三つより、三つが「強い力」で結合した陽子の状態のほうが、85倍以上も質量が大きくなるのです！　これはクォークが「強い力」で強く結合していることから生じていると考えられます。

私の体重は67キログラムですが、ヒッグス粒子から与えられている質量は約800グラムしかなくて、残りの大部分、66・2キログラムの質量の起源は、強い力による効果によって生じているのです。

このことを説明する先駆けが南部陽一郎先生の理論です。しかし、強い力は美しいゲージ理論によって記述されるはずなのに、南部理論はゲージ理論ではありません。クォークを結合する強い力による質量の増加分をゲージ理論から数学的に計算することは、まだできていません。この難問は、数学のミレニアム懸賞問題（米国の数学研究所が2000年に発表し、100万ドルの懸賞金を懸けています）の七つの問題のうちの一つです。

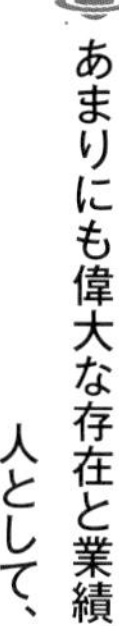

あまりにも偉大な存在と業績／人として、研究者として理想

島根大学の私のホームページに南部陽一郎先生（1921～2015年）とツーショットで並んだ写真を貼っています。もちろん南部先生の許可を生前にとってあります。この写真を撮ったのは、私が大阪大学の准教授だったときです。南部先生は大阪大学の招聘教授として毎年、何ヵ月か日本に滞在されていました。

南部先生は米国で「100年先の未来から来た男」と呼ばれたように、歴史上最も偉大な物理学者の一人です。数々の偉大な貢献をしていて、南部先生がいなかったら今の理論物理学はずいぶん遅れていたかもしれません。

そんなすごい先生ですが、まったく偉ぶることがない方でした。以前もお話ししましたが、素粒子の分野では、「先生」と呼ぶことがなく、皆「さん」付けで呼びます。「先生」と呼ぶのは最前線の研究から退いたという、ネガティブな意味合いが少しあるからです。

ただ、南部先生については、その存在と業績があまりにも偉大なので、心の底から皆が尊敬の意味で「先生」と呼んでいました。

南部先生は小林誠先生、益川敏英先生と2008年にノーベル賞を受賞されましたが、益川先生は尊敬の気持ちを込めて「南部先生」と呼び、マスコミのインタビューでユーモアたっぷりにお答えになっていたのに、南部先生の話になったとたん「南部先生と一緒にノーベル賞を取れたことが一番の感激だ」と涙ながらにおっしゃるくらい、世界中の物理学者の憧れの存在なのです。

南部先生の最後の講演は２０１１年の大阪大学での国際会議でした。私は、この会議のオーガナイザーの一人でした。講演内容は、先生が最後に研究されていた、ボーデ則を流体力学や「南部括弧」という数学を使って導く、大変独創的なものでした。

ボーデ則というのは、太陽系にある惑星の太陽からの距離は簡単な数列で表せるという法則で、南部先生は、それを革新的な手法で導出されています。普通の論文は、参考文献が少なくとも10編以上はあるのですが、南部先生が私に送ってくださった論文の原稿には参考文献が五つしかありませんでした。参考文献が少ないということは、今まで誰も考えたことのない革新的で新しい研究である証拠です。そんな研究はほとんどの研究者はできません。それなのに90歳の人ができることに純粋に驚き、尊敬の念を覚えました（重力がゲージ理論であることを示した内山龍雄先生は参考文献が多い論文など書くなと怒ったそうです。私もいつも気になるところです）。

この研究に関して、南部先生は少数の研究者としか議論されなかったようで、原稿を持っている人はほとんどいないようです。南部先生のこの研究が日本物理学会会誌で２０１７年になって二度も取り上げられ、さらに、原稿を持っている人は私以外にほとんどいないことを知り、少し感激しました。

じつは、島根に来てからこの原稿をもとに南部先生の研究の発展を計算したことがあります。それなりに成果が出たので、先生に連絡したのですが、返事がありませんでした。

どうしたのだろうと思っていたら先生が入院されたことを知り、大阪までお見舞いに行きました。先生に私の成果を印刷してお渡ししましたが、先生の意識がはっきりしておらず、お弱りになられた姿に動揺しました。そのとき、先生が、（ノーベル賞受賞の重要な研究の一つで、素粒子研究者なら誰もが知っている「南部-ヨナ＝ラシーニオ理論」の）ヨナ＝ラシーニオさんに連絡してほしいと、うなされながらおっしゃり、慌ててイタリアにコンタクトを取りました。今も鮮明に覚えています。

南部先生には、ノーベル賞を受賞されたときに色紙を書いていただきました。今も研究室に飾ってあり、私の大切な宝物です。先生はメールで私を励ましてくださいました。先生のような研究者になりたいですし、人間的にも先生のようになりたいと思っています。南部先生が書いてくださった色紙には、こう書いてあります。

「たのしみは　世に解きがたき　ことわりの
心をひとり　さとり得しとき
波場君へ　南部」

40話

大統一理論／陽子崩壊を見つければ証明

力について、四つの力をお話ししてきました。三つの力、すなわち「電磁力」「強い力」「弱い力」は量子力学と矛盾なく構成できます。これらの力は、じつは、超高エネルギーになると一つの力に統一されるのではないだろうか、という予想があります。これは、まだ検証されていませんが、力の統一理論「大統一理論」と呼ばれています。

陽子はプラスの電荷を持っていて、電子はマイナスの電荷を持っていましたが、それぞれの電荷の値は、21桁以上も一致しています。21桁ですよ。

北海道から沖縄まで距離を測定できたとします。約3500キロメートルです。これを21桁の精度で測れたということは、1個の原子核の大きさの精度で測定できたということです！　それほどすごい精度なんて普通には考えられないですよね。

これほどの精度で一致しているということは、やはり、何かの理由か原理があると考えるのが自然ではないでしょうか。もし大統一理論が本当であれば、数学的に電子と陽子の電荷の一致が保証されます。

大統一理論は本当にあるのでしょうか？　その答えは、まだわかっていません。物理は数学とは違って、どんなに美しい理論でも実験で確かめられなかったらダメです。では、大統一理論を確かめられる実験はあるでしょうか？

それは、陽子の崩壊です。

もし、大統一理論が正しければ、バリオン（クォーク三つでできている）で一番軽い陽子は、電子やニュートリノに崩壊します。大統一理論に類するものが存在しなかったら、バリオンで一番軽い陽子は安定であって、絶対に崩壊しないのです。ところが、大統一理論では陽子と電子の電荷が逆符号で等しいことを保証するために陽子と電子の間に関係ができて、その結果、陽子が電子やニュートリノに崩壊できるのです。

その「陽子崩壊」を見つけようと張り切って実験しているのが、ニュートリノのところで出てきた神岡の実験施設です。じつは、もともと「カミオカンデ」や「スーパーカミオカンデ」は、陽子崩壊を見つけようとしてつくられた実験装置なのです（カミオカンデの名前は、KAMIOKA Nucleon Decay Experiment＝神岡核子崩壊実験を略したものです）。

「ハイパーカミオカンデ」ではさらに多くのデータが得られるでしょう。陽子崩壊を見つけたら、またもやノーベル賞は確実です。待ち遠しいですね。また、日本にノーベル賞が来る！

41話　超ひも理論／9次元あれば重力も統一／重力は余分な次元に広がる？

前話でお話ししたように「量子力学」の中で生じる「電磁力」「強い力」「弱い力」の三つの力は、「大統一理論」に統合できる可能性があります。さて、余ってしまった、量子力学にすることが難しい「重力」についてはどうでしょうか？

この重力を量子力学にするための試みは非常に難しく、今のところ成功しそうなのは、37話でも紹介した「超ひも理論」です。この理論では、四つの力はすべて統一されます。

「超ひも理論」は、「クォークもレプトンも、ゲージ粒子も、そして、ヒッグス粒子も、素粒子はすべてよくよく見ると『ひも』だった！」という理論です。標準理論に登場するすべての素粒子だけでなく、ダークマターも、同じように「ひも」からできていることになります。「大統一」を超えた、超・ウルトラ・スーパー大統一理論なのですね。

ただし、超ひも理論が正しい量子力学であるためには、空間の次元が、「縦」「横」「高さ」の3次元だけではうまくいきません。典型的には、空間は「9次元」必要なんです。「6次元」分が余分に要るのです。

余分な「6次元」は、どこにあるのでしょうか？　一つの可能性は、この6次元が、他の3次元に比べて、非常に小さく丸まっているのではないかというものです。では、この余分な空間方向の大きさはどのくらいでしょうか？　典型的には、最も基本的な物理学の定数である「重力定数」と「光速」と「量子力学の定数（プランク定数）」から計算して、1・616×10のマイナス35乗メートルくらいと考えられます。原子核の典型的な大きさが、10のマイナス15乗メートルでしたから、原子核のさらに25桁も小さな長さです。こんな〝ミクロ〟の世界を実験で探索するのはとても無理そうですね。

しかし、近年の超ひも理論の発展から、この余分な次元の大きさは、もっと大きくてもよいのではないか？という可能性が出てきました。たとえば、この余分な方向へは、「重力子」以外は移動することができない、つまり、物質（クォークとレプトン）や標準理論の力ゲージ粒子（光子、W粒子、Z粒子、グルーオン）は、4次元時空しか動けずに、余分な6次元空間へは飛び出すことができないという状況です。

このように、余分な次元がある程度大きく、かつ、重力だけが余分な次元に広がるとすると、「重力」が他の三つの力、たとえば、電磁力に比べて、36桁も弱い（10の36乗分の1の強さ）ことが説明できます。たとえば、カプセルホテルのボックスの中でおならをした場合、臭いの元になる分子が充満してとても臭いですが、広い部屋だと臭いの分子はすぐに薄まって気にならなくなります。それと同じで、（他の力は3次元空間しか伝わらないのに）重力子（重力を伝える素粒子）だけは、（余分な次元方向に広がるので）おおいに薄まって、その力は弱くなると考えられるのです。

重力だけが余分な次元の
空間を伝わるイメージ

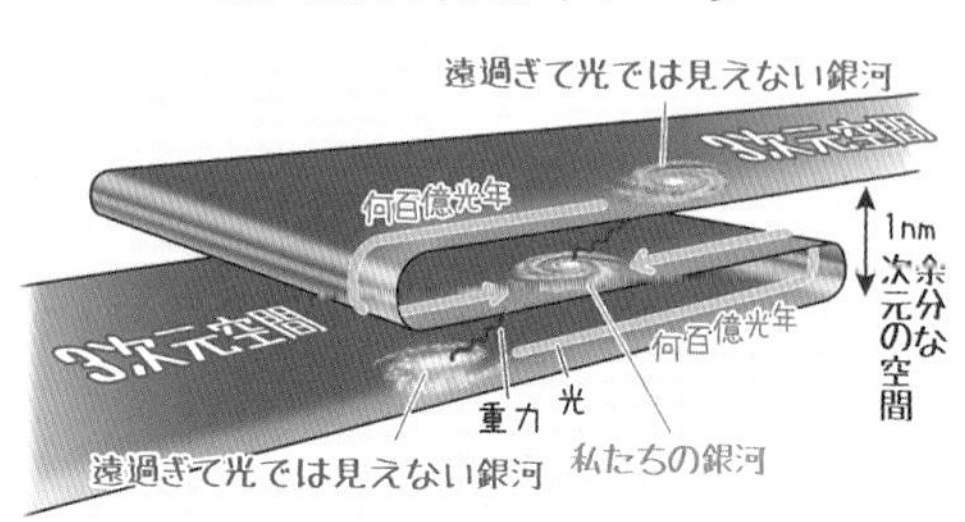

また、宇宙には、星のように光っていないけれども、重力だけを感じる物質「ダークマター」が存在するはずだとお話ししました。しかしながらダークマターが一体全体、何ものかということはわかっていません。

でも、もし余分な次元の空間の大きさが、たとえば、1ナノメートルで、重力子だけが移動できるとすると、ダークマターの起源も説明できる可能性があります。

望遠鏡で遠くの星を観測するときには、「電磁波」で観測するわけですが（見える「光」も電磁波です。電磁波の波長によって、短いほうから「γ（ガンマ）線」「X線」「紫外線」「光（可視光）」「赤外線」「ラジオの電波」……と名前が付けられていましたね）、電磁波は、余分な次元の空間を飛ぶことができませんから、電磁波で100億年かかるところにたくさんの星たちがあって大きな重力源があったとしても、観測できないでいるのかもしれません。しかし、この大きな重力源は、余分な次元方向にとっては、1ナノメートル先にあるかもしれないわけです！

その場合、重力は電磁力と違って、余分な次元の空間を行ったり来たりすることができますから、私たちにとっては単に遠いだけの星たちがダークマターの正体である可能性があるわけです。

余談ですが、美人で有名なリサ・ランドール博士（執筆した本も人気みたいですね）は、余分な次元の空間が特殊な形をしていれば、小さく丸まったりしていなくても、重力が弱い理由を説明できることを示しています。

余分な空間の次元については、アインシュタインも考えていました。彼の時代には、残念ながら「強い力」と「弱い力」は発見されていませんでしたので、「重力」と「電磁力」を余分な空間を考えることで、統一しようとするものでした。

これは、カルツァークライン理論と呼ばれ、超ひも理論でも同じ考え方が本質として残っています。そうして、超ひも理論では、「大統一理論」と「重力」が統合され、四つの「力」はすべて統合されるのです。

42話 標準理論／実験と矛盾ないが謎も多く

この本は、ものをどんどんどんどん砕いていったら何になるかという問いが始まりでした。そして、やっと登場人物が出そろいました。

それは、物質の素粒子である「クォーク」と「レプトン」、力の素粒子である「ゲージ粒子」（電磁力は「光」、強い力は「グルーオン」、弱い力は「W粒子、Z粒子」、重力は「重力子」でした）、そして素粒子の質量をつくり出す「ヒッグス粒子」です。重力の量子力学はまだ完成していないので、後回しにして、重力以外の登場人物を考えます。その素粒子理論を「標準理論」と呼びます。

標準理論が生まれたのは1967年です。私と同い年です。自分では若いつもりなのだけれども、もうすっかりオジサンです。この理論は、とてもよく実験と合います。というか、この半世紀、うまくいきすぎてしまって、矛盾した実験がまったくといってよいくらいないのです。「うまくいってんだったらそれでいいじゃん」とお思いになるかもしれませんが、逆に困っています。それは何かというと、標準理論が究極の

物理理論であるはずがないからです。どうしてかというと、標準理論には未解決な謎がたくさんあるからです。

それらは、すでにかなりお話ししてきました。例を挙げますね。

①なぜ、ニュートリノの質量は他のクォークとレプトンに比べて桁違いに小さいのか？

②クォークとレプトンにはなぜ3世代という3回のコピー構造があるのか？　そもそも「世代」って何？

③なぜ、宇宙には物質ばかりで反物質は少ないのか？

④弱い力がなぜ左巻きのクォークやレプトンにしか働かないのか？

⑤標準理論にはダークマターの候補がない。

⑥なぜ、陽子と電子の電荷は逆符号で21桁以上も等しいのか？

⑦ヒッグス粒子はこれ以上分解できない素粒子なのか？（π(パイ)中間子のように内部構造があるのではないか？）1種類しかないのか？　対称性の破れはどのようにして起きたのか？

他にも、重力の量子力学ができていない、ダークエネルギーは何なのか？インフレーションを引き起こす粒子は何か？などなど、こんなにわからないことだらけの理論が究極の理論であるはずがありません。

そういうわけで、標準理論の背後には、より根本的で本質的な、標準理論のたくさんの謎を解決してくれる奥深い理論があるはずだと思うのが自然です。それは、大統一理論かもしれないし、超ひも理論かもしれません。

標準理論の謎を解決する理論を世界中の理論物理学者が競って発表し、実験物理学者は実験で発見しようと競っています。私もたくさんの理論を提唱してきました。もしかすると、上記の標準理論の謎の数々は、まったく予期せぬ形でつながっていて、誰も考えなかった理論が背後にあるかもしれません。

素粒子物理学を解説してきましたが、まだわからないことばかりです。知れば知るほど、勉強すればするほど、人間がいかにまだ何もわかっていないのかを痛感します。

この世の真理を知るにはまだほど遠いのだということを痛感します。たとえば、リーマン予想が物理系と関連しているなんて、誰が想像したことでしょう。自然や数学の謎が、予想だにしないところでつながっていることに驚きを感じ、この宇宙の神秘に感動を覚えます。

科学者の姿勢／バイアスを避け謙虚に

　研究者はつねに謙虚であるべきだと思います。自然や宇宙の法則を追求すればするほど、人間が知っていることはわずかだと痛感するからです。それが科学者の正しい姿勢だと思います。でも、科学者も人間ですから、どうしても偏見を持ってしまうことがあります。そんなお話をします。

　宇宙が膨張していることを何度かお話ししました。夜空の星を観測すると、遠い星ほど、その距離に比例して、地球から遠ざかるスピードが大きいのです。その比例定数は「ハッブル定数」と呼ばれます。「星の遠ざかるスピード（速さ）」＝「ハッブル定数」×「星までの距離」です。

　さて、遠ざかるスピードは、光のドップラー効果で正確に測定できます（救急車が遠ざかるときに音の波長が伸びるため、振動数が小さくなり、低い音に聞こえるように、遠ざかる星の光も波長が伸びて、振動数が小さくなるのがドップラー効果です）。

　しかし、星までの距離の測定は非常に難しいのです。そのため、ハッブル定数の値は、以前は50～100とかなりの誤差がありました（ハッブル定数の単位は「キロメートル／秒／メガパーセク」です。ここでは説明を省きますが、メガパーセクは長さの単位で、ハッブル定数の逆数はおおよその宇宙年齢になります）。

　現在のハッブル定数の観測値は67～73で、重力波や重力レンズ、背景放射の観測などから得られます。精度が上がったのは2000年からで、それまでは観測する人によって50～100とばらつきが非常に大きかったのです。

面白い（?）ことに、あるときに有名な偉い先生が「50くらいの値である」と論文を書くと、その後何年かは世界中の観測の論文が50付近の値ばかり出しましたし、違う時期にその当時の権威ある先生が「100くらいである」というと、以後何年かは100くらいの値の論文ばかりが出ました。

科学者の良心を疑ってしまうかもしれませんが、決して、科学者に良心がないということではありません。科学者も人間ですから、バイアス（偏向）がかかってしまうことは、仕方のないことだと思います。どんなに気を付けても、権威ある先生が示した値が頭の隅にあると、その値から外れた観測データを知らず知らずのうちにノイズだと思って除外してしまうことがあるのです。

これは避けられないことなので、現在の宇宙観測や素粒子実験では、膨大な数のデータの解析はコンピューターにさせて、その途中経過を、実験に携わるすべての人が、見ることができないようにしています（ブラインド・アナリシスといいます）。ノーベル賞を取った偉い人でも途中経過を見ることができません。結果は、最後にパソコンのボタンをポンと押して出るようにして、決してバイアスが入らないようにしています。

これは、実験をする学者の話ですが、私のような、実験をしない理論物理学者にも教訓があります。それは、梶田隆章先生がノーベル物理学賞を受賞したニュートリノに関する研究です。

お話ししたように物質の最小構造はクォークとレプトンです。クォークにもレプトンにも世代と呼ばれる3回の繰り返し構造がありました。クォークの世代については、「質量から見た1～3世代」と「弱い力から見た1～3世代」が少しだけずれています。そのずれの程度を表す指標が「小林-益川行列」です。この名前は、ノーベル賞を受賞された小林誠先生と益川敏英先生から付けられたもので、世界中の研究者が皆この名前で呼んでいます。

一方、レプトンに関してもこのずれがあることがわかっていて、そのずれを表す指標は「牧-中川-坂田行列」と呼ばれています。ここでも日本人の名前が付けられています。日本人が大活躍しているのですね（この5人の研究は、私が大学院生時代に所属した研究室（名古屋大学素粒子論研）で行われたものです）。

理論物理学者は、レプトンでのこのずれは、クォークと同じでずっと小さいと思っていました。どうしてかというと、この小さいずれだとして理論計算をすると、ニュートリノが太陽の中心の核反応でできたあと、太陽のプラズマ状態と相互作用する効果で、地球上で観測するニュートリノの数がうまく一致するからなのです。この理論はあまりにも美しくて、こんな美しいものが間違いのはずがないと、理論物理学者は（勝手に）信じてしまったのです。実験的な確証があったわけではないので、これこそバイアスだったわけですが、あまりの美しさに魅了されてしまったのです。

しかし、梶田先生のスーパーカミオカンデの実験で、じつはレプトンでのずれは大きいのだという衝撃的な事実を、理論物理学者は知りました。そして、理論がどんなに美しくても、自然がそれを選んでいるとは限らないことを改めて痛感しました。

科学者も人間である以上、バイアスがある程度入ってしまうことは仕方ありません。しかし、私たちはつねに、謙虚に、そして、真摯に自然と向かい合わなくてはならないと思っています。それこそが、正しい科学者の姿勢だと思います。

43話

本質の追究／未知の物理現象を予言できる

ものをどんどん細かく砕いていったときに、その細かいもの（素粒子）が何なのかを理解するためには、その（素粒子の）世界を記述している物理法則がどのようなものかも理解する必要があります。だから、素粒子の研究をすることは、必然的に究極の物理法則を探すことになります。そして、ニュートン力学から場の量子論へたどり着きました。

大事なことは、「より本質的な理論は、より多くの物理現象を説明でき、さらに未知の物理現象を予言できる」ということです。

たとえば、ケプラーの法則は惑星の運動を説明できますが、より本質的なニュートン力学は、惑星だけでなく、リンゴが木から落ちる運動など、より多くの物理現象を説明できます。さらに本質的な一般相対性理論は、ニュートン力学では説明できなかった水星の運動を正確に記述し、ブラックホールや重力波を予言しました。

こうした本質の追究の一例として、今回は身近な物理現象の例を挙げます。光の屈折です。

光の屈折の問題は、大学入試でもよく出ます。私も受験のときに、出くわしました。この問題を解くには「スネルの公式」を覚えている必要があって、公式を覚えるというガリ勉式ベンキョウが大嫌いだった私はとてもヒヤヒヤしました。

空気中から水の中に光を当てると、光はカクッと曲がります。どれだけ曲がるかは、「水の屈折率」

によって決まります。屈折率は、スネルの公式を使うと、「空気中の光速」を「水中の光速」で割ったものです。

空気中の光速は真空中の光速とさほど変わりませんが、水の中を通るときは光の速さも遅くなります（私たちが陸上（空気中）を走るよりも水中を泳ぐほうが遅くなるのと似ていますね）。

水以外のいろいろな物質も、それぞれ固有な屈折率を持っています。それは、屈折率の定義から、光が真空中（空気中）に比べて物質中ではどれくらい進みにくくなるかの「比（割合）」です（光速は、真空中のスピードより絶対に速くはなりませんから、どんな物質でも屈折率は必ず1より大きくなります）。

たとえば、ダイヤモンドの屈折率は2・417ととても大きいので、内部では光の速さがとても遅くなります。屈折率が大きいということは、空気中からダイヤモンドに入射する光の曲がり方が大きく、より鉛直方向に曲がるということです。逆に、光がダイヤモンドの内部から外の空気中に出ようとすると、曲がりすぎてしまって出られなくなってしまうことが多くなります。つまり、一度ダイヤモンド内に入った光は、外になかなか出ることができないので、魅惑的な輝きを見せるのです（人を魅了するのは屈折率だったわけです）。

ダイヤモンドの屈折率はガラスの屈折率とは違うので、質屋さんに持ち込まれた怪しい指輪も、屈折率を測ることで本物のダイヤモンドかガラスでできた偽物か判定できるわけです（でも、ジルコニアは2・13ですし、ガラスの中にもダイヤに近い屈折率を持つ種類もあるみたいです！）。

さて、このあたりの話は面白いのですが、はたして、そんな計算（sinとか速さの比とか）をしていて面白いでしょうか？　私は高校時代、本当につまらなかったですね。かろうじて公式を覚えていたので入試で解けはしましたが、全然楽しくなかった！　ワクワクしないし、ただ公式を覚えるだけで、本当につまらなかったです。

役に立つから計算しろっていわれたら「あ、はい……そうですね……」と計算することはできます。しかし、この公式を暗記して、計算して「ああ、物理って面白いなあ～！」と思う人はあまりいない気がします。こんな受験勉強ばっかりやらされていたら、「物理って面白くないわ……」と思うのも無理もないでしょう。

しかし！　じつはこの話、もっと深い原理、本質があります。

それは、「光は最短時間で目的地まで到着する経路をたどる」という「フェルマーの原理」です。

たとえば、湖の近くを散歩していたとき、誰かが溺れているのを見かけたとしましょう。「大変だ～！」。一刻も早く助けなくてはいけません。できるだけ早く要救助者にたどり着くには、今いる地点から要救助者に向かって「一直線に」走って泳ぐよりも、図左のように、少し長い距離を走って、その後、短い距離を泳いだほうが早く助けることができます。

これは、図右のように、光がたどる経路と似ています。光の進む速さは、水の中のほうが空気中よりも遅いので、少し長めに空気中を「走り」、それから短い距離を「泳いだ」ほうが、早く目的地にたどり着けます。光は、どういう経路をたどったら最短時間でたどり着けるかを知っているのですね。すごいですよね。

水の屈折率は1・33です。それは、空中より水中では光速が1・33倍遅くなるということを意味します。一方、人の場合は、現時点で陸上の100メートル走の世界記録は9・58秒、水泳の100メートル自由形の世界記録は46・91秒です。(そんな超人がいるかはさておき)人に対する水の「屈折率」は、(46・91÷9・85≒)4・76です。水中は陸上より4・76倍進みにくいわけですね。1・33と4・76の違いで、光と人の進む経路はイラストのようになりますが、短時間でたどり着く経路という原理はまったく同じです。

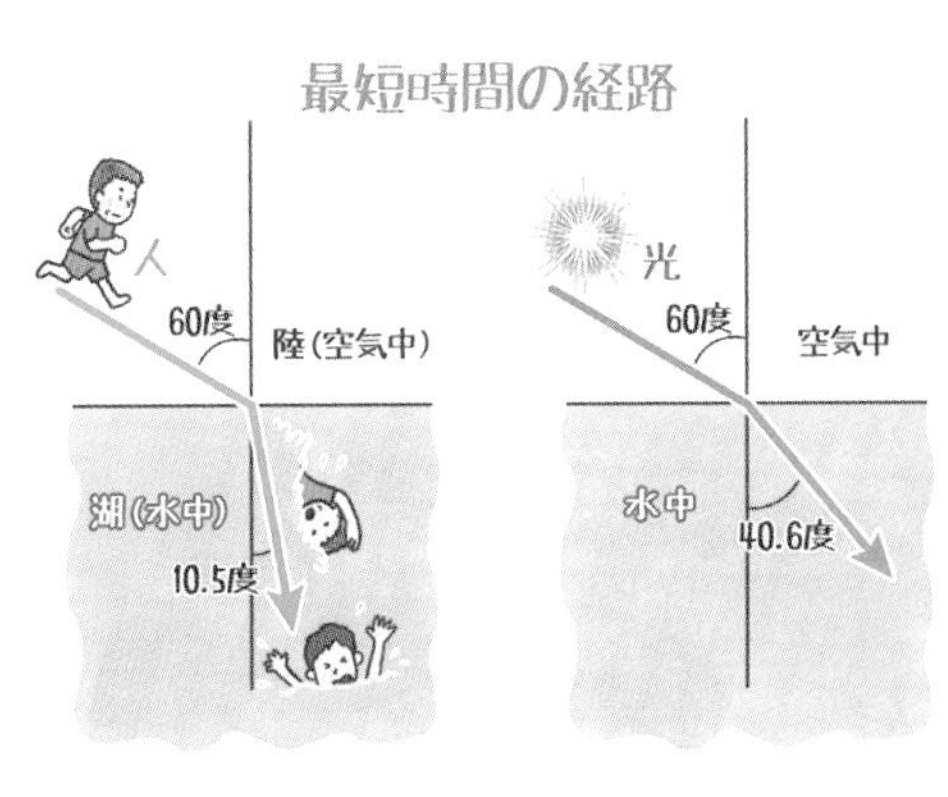

スネルの法則は、フェルマーの原理から導かれます。ケプラーの法則よりニュートン力学がより本質だったように、スネルの法則よりフェルマーの原理のほうがより本質的です。もし、微分をご存知でしたら、自分で簡単に確かめられますが、「最短時間で到着しなさい」という条件(1回微分する)

から、スネルの法則は簡単に導くことができます。ぜひやってみてください！　できたら感激しますし、自信が付きますよ。受験勉強よりはるかに面白いと思います。

光が空気中から水中に入射するときにカクッと曲がる理由がわかったと思います。だから、水深の浅いプールで向かい合った人の足が水面のところで折れ曲がって見えるのです。

さて、よく晴れた夏の日に、高速道路などで車を運転していると、走っている前方の道路に水たまりのようなものが見えることがあります。この現象は「逃げ水」といって、蜃気楼の一種です。アスファルトの表面は高温でカラカラに乾いているけれども、空気中は水蒸気が多く含まれていることに起因します。前方から来た光が、私たちの目に届くには、水分の多いところを「泳い」で行くよりも、カラカラに乾いた場所を「走った」ほうが、はるかに早いのです。だから、光の軌道は曲線になり、先方の道路に空が映って蜃気楼が見えるわけです。

夏の晴れた日に、恋人同士や夫婦でドライブしているときに、蜃気楼が見えたら、「あれは、フェルマーの原理なんだよ」って説明したらどうでしょう？　デートが盛り上がるか、はたまた、盛り下がるか……。私が大阪大学の教員だったときに授業でこの話をしたら、「先生、それ、絶対に嫌われます！」と断言されました。そうですかね？　私が女性だったらとっても楽しいと思うのですが……。

スネルの公式は、本質がわかりにくいし、公式の暗記という感じになってしまいますが、フェルマーの原理「光は最短時間でたどり着く経路を選ぶ！」はとってもわかりやすいですし、物理的な意味が理解できます。

たとえば、光の屈折率を利用して何かを工作しようとするときに、スネルの公式だけでは考え付かないものも、フェルマーの原理を念頭において考えたら、きっとよいアイデアが出てくると思います。このように理学的に本質を追究して理解することは、工学的な応用面にも必ずフィードバックが得られるはずです。

スネルの法則の奥にある、より本質のフェルマーの原理を知ると「多くのことが説明されるだけでなく新しい現象を予言できる」のです！　これぞ、人類の英知ではありませんか！

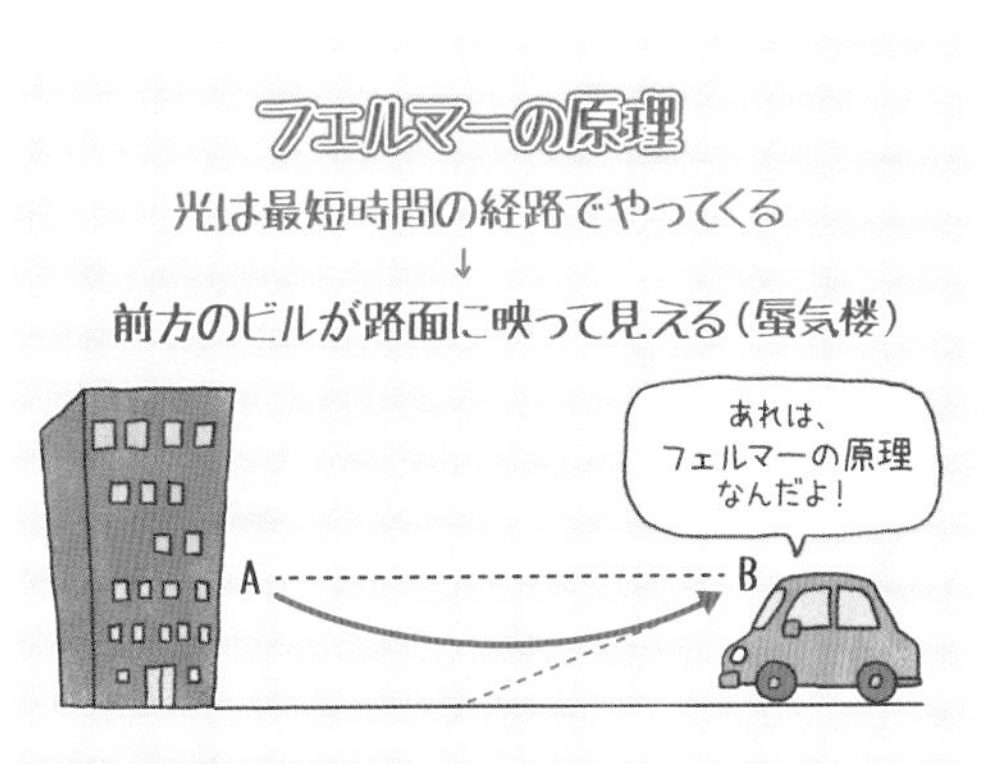

44話

物理と数学／互いに影響し合う密な関係

物理と数学のつながりの話を以前少ししました。物理が自然界の現象を対象にするのに対して、数学はそうではありません。どんなに数学的に美しい理論をつくっても、それが自然界の現象と矛盾すれば、物理としては意味がありません。

でも、物理の「言語」は数学ですから、物理と数学は密接に結び付いています。学者になると、国際学会などで外国に行く機会もありますし、何より英語で論文を書かないと世界中の人に読んでもらえません。読んでもらえなかったらノーベル賞も取れないですものね。

大学院に入って勉強する教科書も、英語で書かれたものがほとんどですから、研究をスタートするには英語が欠かせません。しかし、

通訳者のように流暢（りゅうちょう）に英語を操れないと議論ができないかというと、そうでもありません。

もちろん、話せるに越したことはないのですが、いざとなったら物理の「言語」である数学を使って、黒板に数式を書けば、世界中の物理学者と議論できます。ある意味、言葉で話すよりももっと深く「話し合う」ことができますし、伝えたいことは必ず通じます。私自身も、何度もこうした経験があります。

それでは、数学は物理にとっての道具なだけで、数学自体は物理を必要としていない、片思いの関係なのかというと、違います。

デルタ関数などの特殊関数は、積分と微分の順番を勝手に変えちゃダメだよ……という数学者の言葉を無視して、「まあ、とりあえずやっちゃえ」という感じで物理学者が大胆に試みた結果、できたようなものです。また、数学のドナルドソンの定理は１００ページ以上の論文による長い証明が必要だったのに、「力」の物理理論、「ゲージ理論」を使うと４ページくらいの論文で簡単に証明できることが、わかりました。これも、素粒子物理学者の活躍によるものです。

数学には懸賞金のかかった七つのミレニアム問題があって、その一つに「ポアンカレ予想」という位相幾何学の問題があったのですが、これは物理のテクニック（33話で紹介した繰り込み群理論）を使って解けました。数学の証明に、温度とかエントロピーなんて物理の言葉が出てきて、数学者たちは非常に面食らったと聞きます。そしてそもそも、七つの問題の中で、二つが物理の問題です。一つが以前お話しした「強い力」の問題で、もう一つが流体力学の問題です。天気は流体力学ですから、そもそも天気を予測するのは非常に難しいのですね。また、ミレニアム問題の中でも王様的存在である「リーマン予想」も物理を使ったアプローチで攻略が試みられています。

そして、超ひも理論も、もはや数学の一つの分野です。現在の物理学者で一番有名なウィッテン博士が、数学の「ノーベル賞」である「フィールズ賞」を受賞されていることからも、数学と物理の密接さがわかります。

45話

物理と数学／詳細無視し生まれた幾何学

学生時代を思い出すと、数学は高校入試でも大学入試でも合格するためにとても重要な科目です（小学校でも勉強というと、算数がメインだったんじゃないでしょうか）。

しかも、幾何学と呼ばれる、図形の問題は点数の配点も大きく、1問解けなかったら入試に失敗するかもしれない……と恐怖を感じました。英単語を一つミスするのとは全然違います。そんなことから、数学嫌いになる人は多いのではないでしょうか。三角形の証明問題とか、補助線をどこに引いて気が付くのか、気付かなければ終わり……。賭けというか博打（ばくち）というか……。

しかしですね、学者からいわせてもらいますと、入試で出るような幾何学の問題はすっごく昔の数学、何千年も前の幾何学がほとんどです。そんな昔の数学ばっかり勉強して数学を嫌いじゃ～！なんていうのは、もったいないですよ。嫌いになるなら、せめてもう少し現代の数学を見てからにしましょうよ。

江戸時代の音楽を聴いて「う～ん、いまいち音楽って好きじゃないなあ」という人だって、今のロックとかポップスとかの音楽を聴いたら好きになる人も当然いますよね。

もっと現代の、最先端の数学、幾何学を学べないですかね……。

そもそも、幾何学とは何かというと、図形の普遍的な性質を調べる学問です。

たとえば、フランスでピエール君が赤色のマジックでノートの上に描いた「3センチ、4センチ、

5センチ」の直角三角形と、日本で一郎君が青色の色鉛筆でわら半紙に描いた「3センチ、4センチ、5センチ」の直角三角形があったとします。「誰が描いたか?」「どこで描いたか?」「色は?」「素材は?」などにこだわっていたら幾何学は生まれなかったはずです。

そういった詳細な情報を無視して、純粋に「3センチ、4センチ、5センチ」だけに注目したからこそ、「三平方の定理」が発見されたのです（文学はむしろ逆でしょうか。好きな人が描いた三角形は、特別なものに思えます）。

以前お話ししましたが、変換しても元の状態と変わらないとき、その変換に対して「対称性」があるといいます。直角三角形の3辺の長さは、平行移動や回転をしても不変ですから、平行移動や回転に対して対称性があります。この対称性をもとに完成したのが、中学高校で勉強する「ユークリッド幾何学」です。

「いや、待て、待て。さっきは『誰が描いたか』や『どこで描いたか』などを無視したけれど、どこまで無視するか、そのレベルで幾何学自体も違ってくるんじゃないの?」。そう思った人は、素晴らしいセンスをしています。まさしくその通りです。

たとえば、紙に描いた「3センチ、4センチ、5センチ」の直角三角形を、はさみで切り抜いて、電球の前にかざしたとします。その影をスクリーンに映すことを考えます。

この場合、スクリーンを置く位置や角度によって、影の三角形の形はいろいろと変わってきますよね。これらさまざまな形の三角形を、スクリーンの位置や角度には「目を閉じて」同じ三角形とみなしたら、新しい幾何学ができるのではないでしょうか？　そうしたら、ユークリッド幾何学より、さらに、詳細は気にしない「目を閉じた」、新しい幾何学がつくれますよね。

このようにしてできたものが、射影幾何学です。射影幾何学では、（影の形が変わってしまうので）そもそも直角三角形とか二等辺三角形という言葉自体に意味がなくなります。もはや三角形は、たった一つなのです！　ですから、中学や高校で習う（ユークリッド幾何学の）三平方の定理や二等辺三角形の二つの角度が等しいとか、中点なんとか定理とか……、たくさんの定理がなくなってしまいます。定理の数がものすごく減ってしまい、「デザルグの定理」のように数少ない定理だけが生き残ります。この生き残った定理は、図形の深い本質を表しています。詳細なんか気にしないで「目を閉じた」おかげで、かえって深い本質が見えてくるのです。

では、もっともっと図形の詳細を無視して目を閉じたら、どんな幾何学になるでしょう？　もっと自由な幾何学になり、定理の数はさらに少なくなるけれど、より深い性質や本質が見えてくるのではないでしょうか。

そう、「木を見て森を見ず」の森が見たいのです。

射影幾何学では、スクリーンの位置には目を閉じて、映った図形をすべて同じものとしましたが、もっともっと究極に目を閉じてしまうにはどうしたらよいでしょうか？　どのような自由な変換を考え、そのもとで変わらないものを同じ図形だとする幾何学をつくれるでしょうか？

その究極の変換は、隣り合う点は隣り合う点に移すことだけは許可する変換です。つまり、ぶちって図形を切ったり、ぺたっと貼り付けたりしない限り、何をしてもよいことにします。たとえば、輪ゴムをいろんな形に変えても、すべて同じものだとすることですね。そうすると、もはや、三角形だとか、四角形だとかいう言葉すらなくなります。

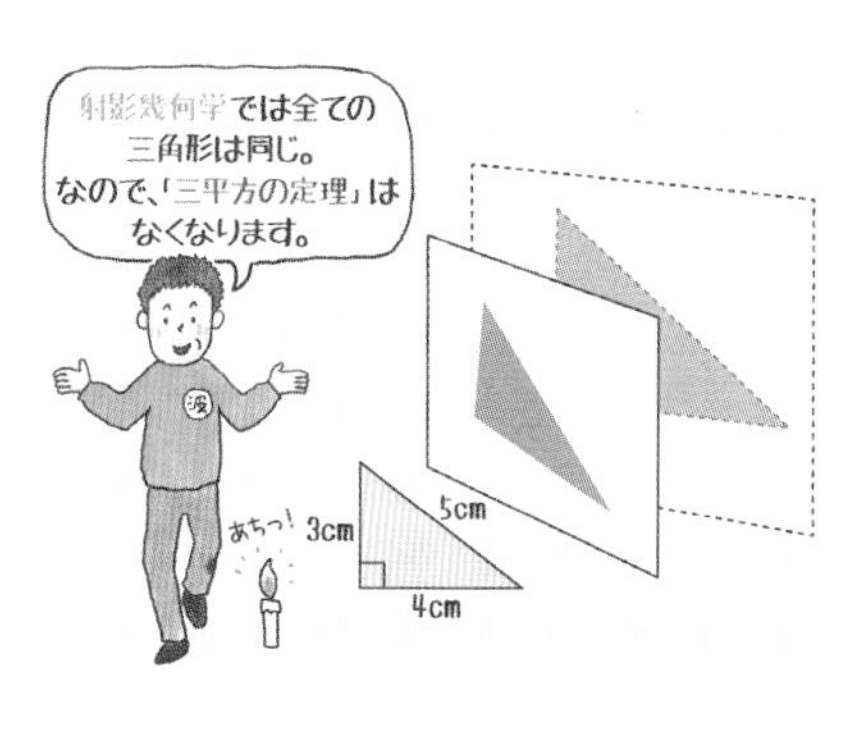

この「究極に目を閉じた」幾何学は、トポロジーと呼ばれます。

究極に目を閉じてしまったので、重要になってくるのは、点とか線とか面とか、「次元」だけになります。ここでいう次元とはたとえば、「点」だったら0次元、「線」だったら1次元、「面積」だったら2次元、「体積」だったら3次元です。2次元だったら、面積の単位をcm^2と書くように、この「2」のことですね。3次元は縦・横・高さのある立体のことで、立方センチメートル、cm^3の「3」のことです。1次元は縦あるいは横のように線の世界です（cmはcm^1のことです）。この数字が次元です。

たとえば、三角錐（すい）を考えます。この物体の中の「次元」を勘定します。まず、ゼロ次元（頂点）の数は、いくつですか？　そうです、四つです。次に、1次元（直線）の数は？　そう、六つですね。それから、2次元（面）の数は？　四つですね。

　これらの数を、奇数次元はマイナスで、偶数次元はプラスで足すルールを考えてみましょう。「4－6＋4＝2」となります。「2」という数が出てきました。

　さて、同じことをサイコロでやってみましょう。まず、0次元（頂点）の数は八つ。次に1次元（直線）の数は12です。次に2次元（面）の数は六つです。この数も、奇数次元はマイナスで、偶数次元はプラスで足すことを考えます。すると「8－12＋6＝2」で、同じように「2」という数が現れました。

　じつは、この数は『オイラー数』と呼ばれるものです。六角形と五角形が表面にある白黒のサッカーボールでも数えてみてください。答えはやはり「2」です。球の表面だってよく見たら凸凹がありますから、その凸凹を考慮して数勘定していくと、やはりオイラー数は「2」になるんです。

　トポロジーという幾何学は、詳細に対して目を閉じまくった結果、三角錐も、サイコロも地球も、ワイングラスも、すべて「2」のオイラー数を持つ、「同じ図形」なのです。もはや「三角形」や「四角形」「三角錐」「立方体」「球」という言葉もなくなり、皆同じ図形です。

さて、サイコロに、四角い穴を一つ貫通させて、同じ計算をしてみてください。結果は、オイラー数が「0」になります。じつは、穴が一つあいた物体として、「穴の一つあいたサイコロ」も「ドーナツ」も「取っ手が一つのコーヒーカップ」も、トポロジーでは区別をしない、オイラー数「0」の同じ図形なのです。

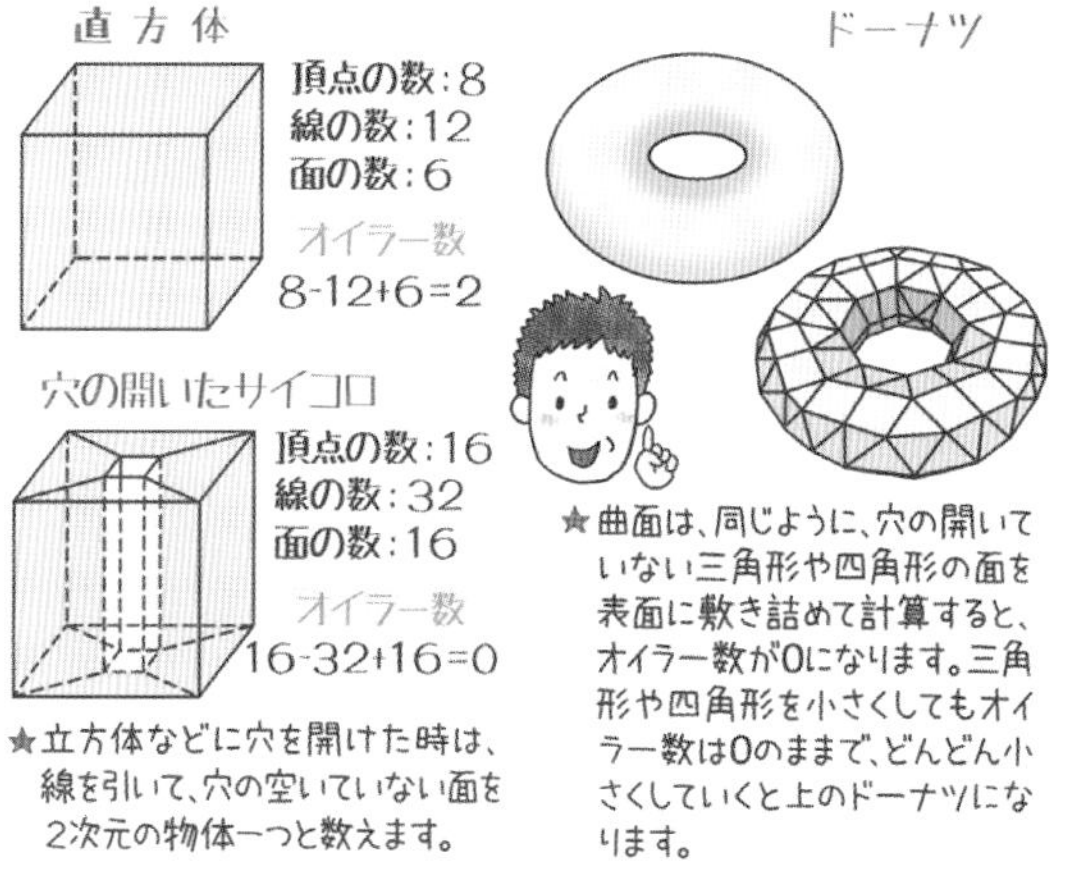

直方体
頂点の数：8
線の数：12
面の数：6
オイラー数
8-12+6=2

穴の開いたサイコロ
頂点の数：16
線の数：32
面の数：16
オイラー数
16-32+16=0

★立方体などに穴を開けた時は、線を引いて、穴の空いていない面を2次元の物体一つと数えます。

ドーナツ

★曲面は、同じように、穴の開いていない三角形や四角形の面を表面に敷き詰めて計算すると、オイラー数が0になります。三角形や四角形を小さくしてもオイラー数は0のままで、どんどん小さくしていくと上のドーナツになります。

オイラー数の計算は、小学生だって簡単にできますよね。入試問題が解けるか解けないかで人生の進路が左右されるかもしれない数学は紀元前の古いものなのに、もっとずっと新しい数学は小学生でも簡単に計算できるなんて、どうなのでしょうね。

さて、このオイラー数「2」や「0」という数ははたして、何を意味するのでしょうか？　これまた、とても面白い本質が隠されています。三平方の定理とか、中点なんとか定理とか、どんなにユークリッド幾何学を勉強しても見えてこない深い本質が、目を閉じて次元だけに注目したことで見えてきます。

そこで突然ですが、「地球上のすべての地点に風を吹かすことができるか？」という問題を考えましょう。

地球上のすべての地点に風を吹かすことができるか？

地球上ではどう風を吹かせても、無風地点が二つできてしまう（オイラー数＝2）。図では北極点と南極点が無風地点。

ドーナツ型の星の地上では、全ての地点に風を吹かすことができるので、無風地点はない（オイラー数＝0）。

天気図で風を矢印（ベクトル場）で表すように、ちょっとやってみてください。「風」ですから、隣り合う場所でいきなり逆向きに不連続に吹いたりはしません。できましたか？

実際やってみると、どんなふうに風を吹かせても無風地点が二つできてしまいます。たとえば、南極と北極です。偏西風を地球全体に吹かせても、南極と北極の2地点では無風地帯ができてしまいますね。また、北極点から風を吹き出させて南極点に吸い込ませようとしても、両極点の完全な直上の2地点では、（球面上のベクトルとしては）無風にならざるを得ませんよね。

二つの地点はどうしても無風になってしまう。そういう特異な点が出てしまいます。その特異点の数が、オイラー数のまさに「2」なんですね。ドーナツでやってみてください。風を吹かせてみると、すべての地点に風を吹かすことができます。つまり、オイラー数がゼロであったことと同じですね。

詳細に目をつぶり、次元だけに注目すると、オイラー数（「2」とか「0」）などの図形のもっと本質が見えてくるのです。まさに、「木ではなく森を見る」という言葉がぴったりきます。細々としたことに目をつぶると、大事な本質が見えてくるって、何か身の回りもそうじゃないですか？ 恋人選び

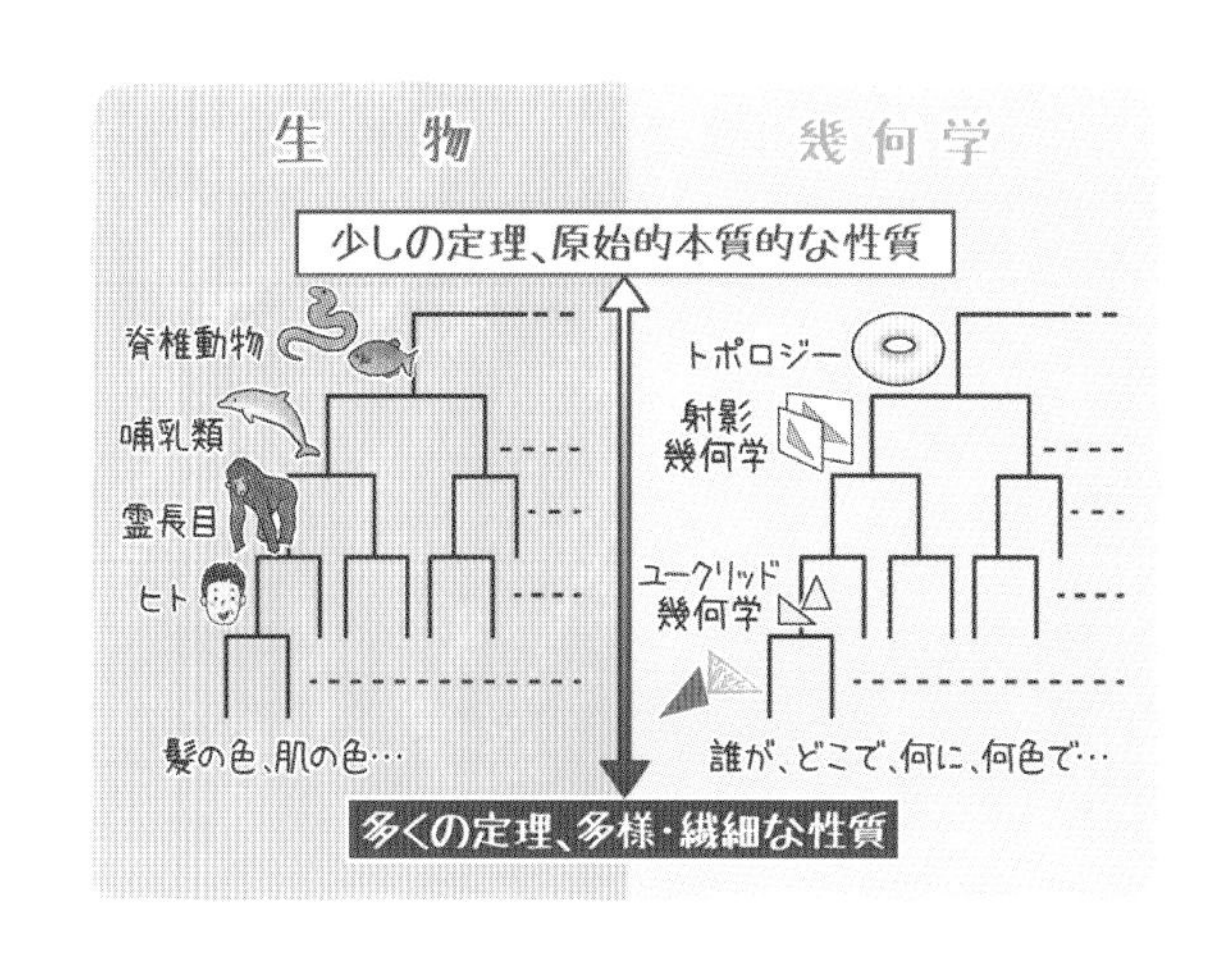

も、顔とか、人前でおならしないとか、細々としたことにばかりにこだわっていると、大事な本質が見えずに失敗するかもしれませんよ。

似たようなことは、たとえば、生物学にもあります。人にはいろいろな外見の人がいます。髪の色や肌の色の違い、宗教、国籍、その他たくさんの違いがあります。人それぞれの多様性を尊重するのは、もちろん素晴らしいことです。愛する人のしぐさや声、すべてが特別ですよね。しかし、それらに目をつぶることで、ヒトの生物学的な本質が見えてきます。つまり、二足で歩き、科学を発展させて生活するヒトという、生物学的な分類や大事な性質が見えてくるのです。

では、もっと目をつぶり、ヒトと猿も区別しないとすると、どうでしょうか。さらに本質的な、子どもを赤ちゃんで産む哺乳類（ほにゅうるい）という性質が見えてきます。そうすると、生き物としてはとても遠く感じていたクジラやイルカと人間の共通点が見えてきます。もっと目をつぶり、魚も爬（は）

虫類も両生類も、違いに目をつぶって同じものだと思うと、受精卵の発達の段階で、硬い部分が体の中心部に集まって背骨が構成され脊椎動物になるか、あるいはその硬い部分が反対に外に広がって無脊椎動物の一種である昆虫のようになるかが見えてきます。

これは、生物の形成のごく初期の重要な過程で、生物を理解するうえでとても本質的なことですよね。このように、目をつぶればつぶるほど大事な本質が見えてくるのは、幾何学と似ていますよね。

46話

物理と数学／美しく深遠な素数の世界

「リーマン予想」は、100万ドルの懸賞金のついた七つのミレニアム問題の中でも、王様的存在の難問です。この問題は「素数」に深く関わります。

物質をどんどん細かく砕いていったときに最終的に何になるか？は「素粒子」と呼びました。

一方、数学で、1より大きな自然数の中で、1と自分自身以外でしか割れ（分解でき）ないものを素数と呼びます。いってみれば、数の素粒子でしょうか。

素数は2、3、5、7……と、無限にあることがわかっています。証明は簡単で、もしすべての素数がわかっていたら、その素数全部をかけて1を足した数は、やはり1と自分自身でしか割れない素数になってしまうからです。だから素数の大きさに上限はなくて、無限にあることがわかります。

素数が大きくなると、その次の素数がなかなか現れません。素数が自然数の中に、おおよそどのような割合で分布しているかを、数学者ガウス先生は予想を立てました。これは、素数定理と呼ばれ、100年ほど経って証明されましたが、素数の分布の規則性などはわかりませんでした。

私は中学に入学してすぐに、素因数分解を習いました。たとえば20＝2×2×5のように、1より大きなどんな自然数も「一意的に」素因数分解ができます。一意的にといったのは、20を素数で分割する形はこれしかあり得ないということです。

でも、そう聞いても「ふ〜ん、あっ、そう……」って感じですよね。中学1年生の私もまったくそうで、素数ね、ハイハイ、でも、そんなに面白い話なのかな？　そんなに重要にも思えないし、小学生から中学生になって勉強も面白くなるのかなあと期待していたのに、つまらないなあと思いました。でも、素数の世界は、ものすごく深遠で、何と自然現象を対象にする物理学と関わっています。

ここで、ゼータ関数を紹介します。

ゼータ関数は、$\zeta(s)$と書きます。それは、自然数、1、2、3……を分母にした数、1、1／2、1／3……をそれぞれs回かけて無限に足すものです。たとえば、sが2のときのゼータ関数の値は、$\zeta(2)=1\times1+\frac{1}{2}\times\frac{1}{2}+\frac{1}{3}\times\frac{1}{3}+\cdots\cdots$です。なんとこの値は、$\pi\times\frac{\pi}{6}$と同じになります。$\pi$は円周率（円周と半径の比のこと）で、有名な3・1415926535……と無限に続く数です。円周率が、こんな単純な足し算と関係しているなんてびっくりですよね！（深遠な数学の本質ですから、円周率は計算が難しいので「3」にしましょうなんていうのは間違っていると思います。）

さて、中学校で初めに習ったけれど、何に使えるのかよくわからなかった素因数分解を思い出しましょう。1より大きなどんな自然数も「一意的に」素因数分解ができます。たとえば、10は、2×5のように2と5という二つの素数のかけ算で分解できますが、他の素数のかけ算では表せず、分解の仕方はこれ以外にはありません。このことを使うと、イラストのようにゼータ関数は、素数を使って書き換えられるのです。

この書き換えはオイラーによる発見ですが、これを初めて知ったときは「なんて頭がよいのだろう！」と感激しました。ともかく、ここで素数が登場するのです。重要なことは「ゼータ関数が素数の情報を内在している」ということです。

以上は、ｓが2の例ですが、ｓは１／３のような分数やルート2のような無理数でも定義できます。さらに、リーマン先生はｓを複素数に拡張しました（複素数というのは、虚数「ｉ」（ｉの２乗はマイナス１です）を含む数のことで、複素数＝実数＋虚数、虚数＝実数×ｉと書けます）。リーマン先生は、素数の規則性をもっと厳密に知るためには、「ζ(s)＝０になる複素数ｓの値」を知ることが重要だと気付いたのです（高校のとき、虚数は二次方程式の解がないときに苦し紛れに導入したようにしか思えませんでしたが、奥深かった！）。

リーマン予想は「ζ(s)＝０になる複素数ｓの実数部分は１／２にしかない」というものです。この予想が正しいことが証明されると、数学のさまざまな分野の研究がものすごく飛躍的に進展します。

そんな魅惑的なものですから、リーマン先生が１８５９年に予想してから多くの数学者が挑戦してきました。しかし、１６０年も経つのに、ζ(s)＝０になるｓの実数部分は０から１の間にだけ存在することしか証明できていません（あるいは、もし１／2以外のところに一つでも解を見つけることができたら、

$$\zeta(s)=\frac{1}{1^s}+\frac{1}{2^s}+\frac{1}{3^s}+\frac{1}{4^s}+\frac{1}{5^s}+\frac{1}{6^s}+\frac{1}{7^s}\cdots$$

右辺の各整数を素因数分解すると…

$$=\frac{1}{(1)^s}+\frac{1}{(2)^s}+\frac{1}{(3)^s}+\frac{1}{(2\times2)^s}+\frac{1}{(5)^s}+\frac{1}{(2\times3)^s}+\frac{1}{(7)^s}\cdots$$

このように書き換えられます。

$$=\left(1+\frac{1}{2^s}+\frac{1}{2^{2s}}+\frac{1}{2^{3s}}+\cdots\right)$$
$$\times\left(1+\frac{1}{3^s}+\frac{1}{3^{2s}}+\frac{1}{3^{3s}}+\cdots\right)$$
$$\times\left(1+\frac{1}{5^s}+\frac{1}{5^{2s}}+\frac{1}{5^{3s}}+\cdots\right)$$
$$\times\left(1+\frac{1}{7^s}+\frac{1}{7^{2s}}+\frac{1}{7^{3s}}+\cdots\right)$$
$$\times\cdots$$

例えば、$\frac{1}{(2\times3)^s}$の項は、素数2のところからは$\frac{1}{2^s}$を、素数3のところからは$\frac{1}{3^s}$を、他の素数のところからは1を選んで掛け算することに対応しています。

足し算であるゼータ関数が素数を使うと掛け算で書けるのがすごい！

「リーマン予想は間違っていた」と証明されて、100万ドルの懸賞金がもらえるはずです）。

このリーマン予想を証明するのは、あまりにも難しいので、とりあえず実数が1／2で、ζ(s)＝0になる虚数部分の値を、コンピューターを使って探してみる研究があります。今まで数兆個の値が見つかっていますが、その値の分布は、何と驚くべきことに、(簡略化されたものではありますが) 原子核理論を用いて計算した「原子核のエネルギーの値の分布とまったく同じ」になるのです！

何と、この世の中の深遠なこと！　こんなところで物理と数学が関係しているのです！　この世界は人間が思うよりももっともっと深遠な真理が隠されていそうです。

私が、こんなふうに素数の面白さをほんの少しだけ垣間見られたのは大学院生になってからでした。恥ずかしながら大学時代は授業をサボって全然勉強しませんでしたので、大学院まで進学しなかったら、一生、その深遠さの存在にすら触れることはなかったのだと思うと、今は知ることができて幸せだなと思います。

47話

フィボナッチ数列が自然界に

突然ですが、1，1，2，3，5，8，13，21，34，55……の数の並び方を考えてください。55の次はどんな数字がくるかわかりますか？

答えは89です。数字の順番のルールは、一つ前と二つ前の二つの数字を足した数がその数字であるというものです。確かに、1＋1＝2、1＋2＝3、2＋3＝5……となっていますよね。この数の列は数学者の名前をとって「フィボナッチ数列」と呼ばれています。こんな簡単なルールですが、自然界ととても密接に関わっています。

たとえば、うろこのような松ぼっくりの鱗片（りんぺん）やヒマワリの種、サボテンのとげなどは、らせん状に並んでいます。その配列は右回りと左回りに見ることができ、らせん状の線の数は右回りも左回りも、必ず21本、34本、55本……となっています。すべてフィボナッチ数列にある数です！（そして、右回りと左回りの数の比は、このあとお話しするらせん状の性質から「黄金比」に近い値になります。）

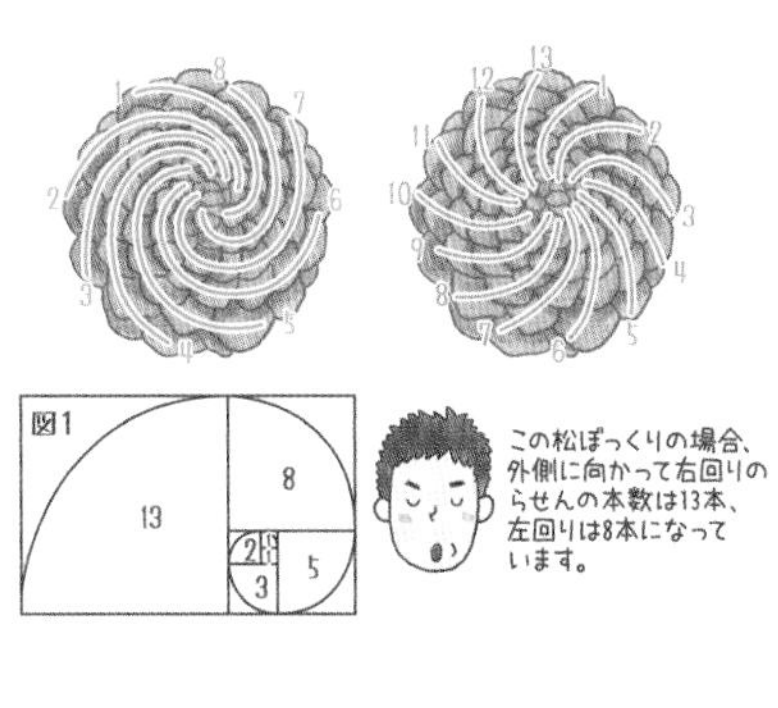

このらせん状のカーブはどんな曲線でしょう？　図1の長方形は名刺や額縁でよく使われるものです。「縦」と「横」の比は「黄金比」と呼ばれ、「横」と「縦＋横」の比に等しくなっています。具体

的には、横が縦の１・６１８０３……（＝$(1+\sqrt{5})/2$）倍になる長方形です。

この長方形に１本直線を引いて正方形をつくります（図１の１辺の長さが13の正方形）。次に、残った長方形に１本直線を引いて正方形をつくります（図１の１辺の長さが８の正方形）。そのようにして正方形で埋めつくしたものが図１です。ここで一番小さな二つの正方形の１辺の長さを１としましょう。その次に大きな正方形の１辺の長さは１＋１＝２ですね。次に大きな正方形の１辺は２＋１＝３です。次の正方形の辺は３＋２＝５です。フィボナッチ数列ですね！

小さな正方形から次に大きな正方形へと順番に対角線を曲線でつなぐと、「らせん状の曲線」を描けます。この曲線こそが、松ぼっくりの鱗片やヒマワリの種の配列カーブです。カーブの曲線は元の黄金比の長方形を大きくしたら長くなります。たとえば、カタツムリやオウムガイの殻の巻き方、それに、なんと台風や銀河の渦巻きもこのカーブだといわれています。

フィボナッチ数列の数の大きくなり具合、「前の数に比べて何倍大きくなっているか？」を計算すると、$\frac{1}{1}=1$, $\frac{2}{1}=2$, $\frac{3}{2}=1.5$, $\frac{5}{3}=1.666\cdots\cdots$, $\frac{8}{5}=1.6$, $\frac{13}{8}=1.625$, $\frac{21}{13}=1.615\cdots\cdots$ のように、どんどん「黄金比」に近付きます。黄金比は、名刺や額縁だけでなく、ピラミッドやパルテノン神殿の高さと底辺の比、ミロのヴィーナスの上半身と下半身の比、人間の手と手首から肘までの長さの比などにも現れています。

生物から宇宙まで、この単純な数字の列は、広く普遍的に存在するのです。そして、その比は、人間が本能的に美しいと感じるものなのでしょうね。とっても神秘的で不思議な気がしますね。

48話　1次元でも2次元でもない

またまた突然ですが、人間の血管の長さの総距離はどのくらいになると思いますか？　血管は人間の体の隅々まで行き渡っていますから、う～ん、そうだなあ、1メートル70センチの人だったら、10倍くらいの100メートルくらいかなあ、と私は初めてこの質問をされたときに思いました。しかし、答えは約10万キロメートルです。えええ！　ビックリしますよね。また、腸の表面積はどうでしょう？　まさか人より大きいとは思えませんよね。でも、答えはバドミントンのコート半面くらいで、人よりもはるかに大きいです。

これは、一体全体どういうことでしょう？　たとえば図1のように腸にはひだ状の突起が無数にあり、その突起を拡大すると同じようにひだ状の突起があり、さらに、その突起を拡大すると同じような突起があり……というように何回も似たような構造をミクロに向かって繰り返しています。

簡略化したものの例としてたとえば、図2のように、まず同じ長さの線を四つ用意して、「山」とその両側の「平ら」の形をつくります。次に、各線を3等分してそこにまた同じように「山」とその両側の「平ら」をつくります。これを何度も何度も繰り返すのです。この操作を無限回繰り返すと（ここがポイントですが）長さは無限大になります！　この線（のようなもの）は、コッホ曲線と呼ばれています。

さて、ここで、次元についてお話しします。私の研究者の友達にも「2次元しか興味がない」というアニメファンがいますが、この2次元というのは平面のことです。縦と横しかない世界ですね。

図3を見てください。あるものを3分の1にするときに、その小さくなったものがいくつできるか

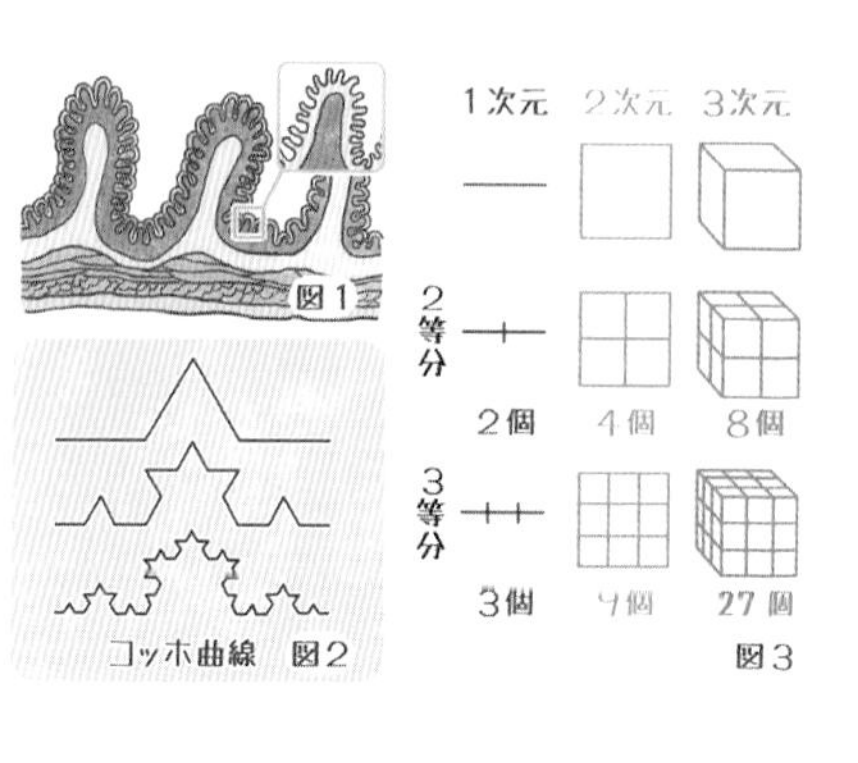

を数えます。１次元の線分を３等分にしたら３個できます。２次元の平面を３分の１の大きさのものに分割したら９（＝３×３）個、３次元の豆腐だったら27（＝３×３×３）個できますよね。つまり、３を何回かけるかが、そのものの次元を表しているのです。

　では、コッホ曲線を考えましょう。３分の１にしたら、小さくなった同じ形のものは、「山」の斜面に２個と両端の「平ら」に２個の合計４個できますよね。３個でも９個でもありません。つまり、コッホ曲線は１次元でも２次元でもありません。数学を使うと、３を１・２６１……つまり $\log_3 4$ 回かけたら４になるので、コッホ曲線の次元は、１・２６１……次元ということになります。

　たとえば海岸線も似ています。世界中のどこの海岸線を見てもよいのですが、たとえば、山陰地方を選んでみましょう。

　20万分の１に縮小された七類港（しちるいこう）あたりの海岸線の凸凹具合を眺めたとします。次に、５万分の１の地図に七類港あたりの海岸線を拡大して眺めると、その凸凹具合は20万分の１の地図と似ていることに気付きます。もっと拡大して１万分の１の地図でもその海岸線を見ると、凸凹具合もやはり似ています。

　このように何度もミクロのスケールに相似形が繰り返し現われる構造を「フラクタル」と呼びます。河川や稲妻などもフラクタルになっています。

コッホ曲線の1・261……次元のように整数ではない次元は、フラクタル次元と呼ばれます。ポイントは、コッホ曲線は、画用紙に収まるサイズなのにもかかわらず、無限回の階層構造のために線の総距離は無限大になることです。

身の回りの現実のもの、たとえば血管は、ミクロに相似形が繰り返されますが、その繰り返しは、もちろんコッホ曲線のように無限回ではありません。ですから、血管の総距離が無限に長くはなりませんが、非常に多い回数の繰り返しになっていますから、血管は長くなり、人間一人の血管の総距離は地球を2周半するほどになります。画用紙サイズのコッホ曲線の総距離が宇宙の大きさより長い無限大であることからも、人間の血管も階層構造の回数を繰り返すことでこんなにも長くなるのです。

人間一人の腸がバドミントンコート半面くらいになるのも、フラクタル次元のためです。腸にできたポリープに関して、そのフラクタル次元は、悪性のものと良性のものでは違うのではないかという研究もあるそうです。もしそうなら、それこそAI（人工知能）で簡単に診断できそうですよね。

素粒子も原子、原子核、クォークのように階層構造がありました。でも、クォークより小さい階層構造があるのか、まだわかっていません。この宇宙の真理を知りたいです。

49話 量子コンピューター

ミクロの世界の力学「量子力学」では、私たちの常識（マクロの世界の力学）とはまったく違って、たとえば、電子を四方八方、壁で囲って閉じ込めておいてもスルッと抜け出ることが可能です。私たちだって、ドラえもんのスモールライトで小さくなってミクロの世界を探検できたら、壁をすり抜けられるでしょう。

ミクロの世界では、事象が確率でしかわからないこともお話ししました。シュレーディンガーの猫は、餌を食べているのかいないのかが確率でしかわからず、両方がいわば、混じった状態なのです。

さて、突然ですが、スマートフォンやパソコンは年々、薄く、軽く性能も上がっていますよね。ムーアの法則というものがあって、それは、すごく大雑把にいって「コンピューターの性能は1年半で2倍になる」です。１９６５年にいわれ、実際に50年もその通りでした。内部の電気回路はどんどん小さくなってきたわけですが、そうすると量子力学の効果を無視できなくなります。ムーア自身も、ムーアの法則は、やがて回路が原子レベルに到達したときに破綻するだろうといっていました。回路が小さくなると、私たちの常識の電磁気学で計算をしていてもダメで、電子さんがスルッと抜け出てしまうなどの量子力学の効果も考慮しないといけなくなります。そして、むしろそれを積極的に利用して役立てようとする研究があります。

その一つが量子コンピューターです。説明の前にまず、コンピューターがどうやって機能するのかを説明します。

私たちは人に何かをしてもらおうとするときに、日本語や英語を使って「何々をしてほしい」と伝えます。同じように、機械に何かをしてもらいたいときには、何かの言葉を使ってお願いしないといけません。それは、プログラミングという「言葉」です。C言語とか、島根に縁のあるRuby（ルビー）とか、お聞きになったことがあると思います。

いろいろなプログラミング言語がありますが、この言語自体はまだ機械の電気回路は理解してくれません。さらに「マシン言語」という言葉に変換され、最終的には電気回路に「電気が来た」か「電気が来ない」の二つの情報を「文字」とする言語で伝えられます。つまり、すべての情報を伝えるのは、「電気が来た」と「電気が来ない」の二つの「文字」なのです（英語の文字はアルファベット26文字、日本語の文字はひらがな、カタカナ、漢字があるのでずっと多いですね）。

この二つの「文字」を使って、スマホのゲームを動かしたり、冷蔵庫の温度を自動調節したりといった「お願い」が伝わるわけですね。

「来た」を「1」、「来ない」を「0」と書くと、この二つの文字がすべてです。0か1かの情報を1ビットと呼びます。1ビットだと、二つの情報しか伝えられません。2ビットだと、0か1の二つがあるので、00、01、10、11の4種類が考えられ、四つの情報を伝えられます。8ビットだと、2の8乗だから256種類あり、これを通常1バイトと呼びます。

スマートフォンで撮った動画をLINE（ライン）で送るときに1MB（メガバイト）と表示されたら、メガは100万のことですから、動画は0か1の二つの「文字」を使った、800万字数で書かれた情報なのです。

たとえば、動画が始まって0.1秒経ったときの画面の一番右上隅の色は白色で、その真下0・01ミリメートルの色は金色で……といった情報が800万字数で書かれていて、それを送信しているわけですね。

さて、皆さんはインターネットで買い物をしますか？　サイトでクレジットカード番号を入力するときは、鍵マークが出て、URLも「http」ではなく「https」になっています（確認しなくてはダメですよ！）。

これは、セキュリティが作動して暗号通信をしていることを示しています。カード番号や個人情報が盗まれたら大変ですものね。暗号の仕組みは中学校で習う素因数分解です。たとえば、15くらいなら素因数分解は3×5と簡単なのですが、数が大きくなるととても難しくなります。

ネットでの暗号は「310桁以上の大きな数」＝「155桁以上の素数」×「155桁以上の素数」という素因数分解の式を使います。このような素因数分解は原理的にコンピューターで計算できますが、現時点で世界最速のコンピューターを使っても、何億年以上かかります。

暗号通信では「310桁以上の大きな数」自体は他の人が見ることができますが、二つの「155桁以上の素数」は取引先しか知らない仕組みになっているから、「金庫の鍵」として「安全」なのです。

ここでいいたいのは、ネットでの「安全」は、「鍵（155桁以上の素数）」を見つけるにはコンピューターで計算しても何億年もかかってしまうから守られているのであって、決して原理的に安全ではないということです。

もしも、ものすごい性能のコンピューターができ上がって、1分とか1時間で「鍵（155桁以上の素数）」を見つけたら、カード番号は簡単に盗まれてしまいます。

さて、量子力学を思い出します。ミクロの世界を記述する量子力学では、たとえば、シュレーディンガーの猫は餌を食べているか食べていないかは確率でしかわからない、つまり、両方の状態の混在でした。私たちの常識で考えたらさっぱりわかりませんが、とにかく、ミクロの世界は私たちの常識が全然通用しないのです。とっても摩訶（まか）不思議な世界です。

コンピューターの電気回路をどんどん小さくして、もはや原子1個1個がわかるような「回路」をつくったとします。私たちの使っ

ている常識的な電気回路は、電気が「来た（1）」か「来ない（0）」の二つの情報（文字）だけですが、量子力学を使わなくてはいけないほど小さい電気回路では、「来た（1）」か「来ない（0）」の混在した状態になります。「1」と「0」の2文字しかないコンピューター言語ですが、この「0」と「1」が混在して同時に存在できるのです。これが量子コンピューターです。

　そうすると一つのビット（文字）で「1」と「0」が同時に表現できるようになります。たとえば、4ビット（文字）を考えます。普通のコンピューターでは、4文字の1ヵ所ごとに「0」を入れるか「1」を入れるかのどちらかですから、「0000」「0001」「0010」……「1111」のように、16通りの入力方法があります。ところが、量子コンピューターでは、1文字のところに、「0」も「1」も混在できるので、「○○○○」と1回だけで16通りの情報を入力できてしまいます。○は「0」と「1」が混在したもので、一つの○が1量子ビットといいます。言い換えれば、「0」と「1」の両方を同時に表すことができるのです。

コンピューターによる情報処理のイメージ
～ 4ビットの場合 ～

従来は…
① 0 0 0 0
② 0 0 0 1
③ 0 0 1 0
⋮
⑯ 1 1 1 1
16回必要

量子コンピューターだと…
① 0/1 0/1 0/1 0/1
1回で済む！
なぜなら、一つの情報単位が0でもあり、1でもある、つまり、0と1が混在しているから！

　たとえば、4桁のダイヤル式の鍵の暗証番号を忘れてしまったとしましょう。それを片っ端から試すしかないとすると、「0000」から初めて、もし暗証番号が「0002」なら3回試せば終わり

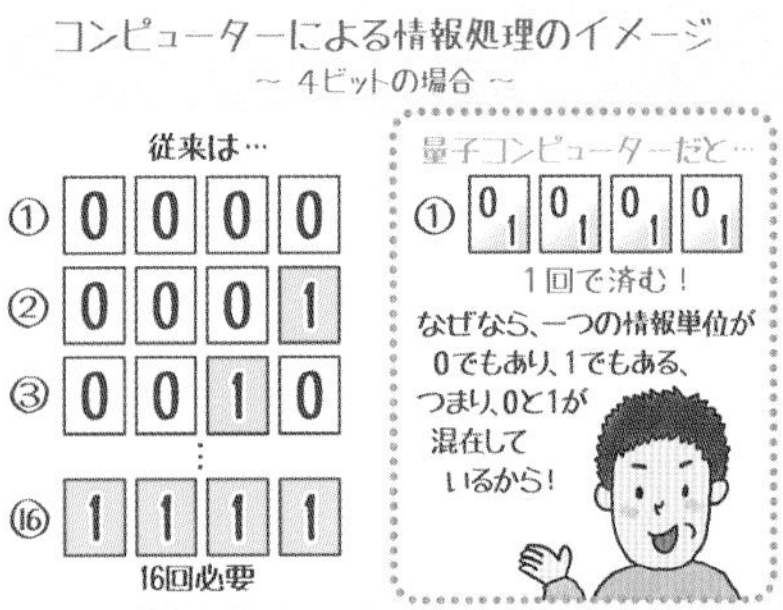

ますが、「9999」なら1万回目でやっと見つけられることになります。これは、鍵を開けるのには平均すると5千回試さないといけないということですが、量子コンピューターなら1回の入力で複数のパターンを試せるので平均100回で済みます。5千回と100回ではまったく難しさが違ってくるのですね。

一方、EPRパラドックスでお話ししたように、量子力学では量子間に何かの規則を持って絡み合う状態になることがあります。そうすると、何文字もある情報がたった一つのまとまりとして扱えることも出てきます。そうすると、今のコンピューターの何文字分の情報を一気にひとまとめにして扱うことが可能になり、一つの入力命令で複数の計算を同時にすることができます。

つまり、今のコンピューターに比べて性能が桁違いによくなる可能性があるのです。そうすると、今のコンピューターでは何億年もかかるであろう、大きな数の素因数分解があっという間にできるようになるかもしれません。原子や電子などを10個程度並べた「量子コンピューター」で素因数分解ができることが実証されていますので、この先、どんなことになるのでしょうね。

アメリカの大学で素粒子物理学の教授をしている友達に聞いた話では、量子コンピューターの研究に政府はものすごくお金をかけていて、高い給与で研究者を集めているそうです。なぜなら、たとえば軍の機密文書もネットのセキュリティ（大きな数の素因数分解）でやり取りしているので、これが他の国の研究によって先に破られるようなことがあったら一大事だからです。何かきな臭い話ですね。

他にも、量子コンピューターができたら解けるだろうという問題があります。一つの例は「巡回セールスマン問題」です。これは、セールスマンがいくつかの家を1軒ずつ訪問してから会社に帰ってくるのに、どのような順番で訪れると最も短い距離の経路になるか?という問題です。クラス30人の家庭訪問をする小学校の先生が最短距離で行ける順番を決める問題だと思ってもよいです。

これは一見簡単そうに思えますよね。少なくともコンピューターで計算したらあっという間に答えが出そうです。たとえば、訪問する家の数が6軒だと、訪問パターンは60通りです。でも、10軒になると18万1440通り、そして、30軒では、何と4420穣(じょう)(億、兆、京、垓(けい)、秭(がい)、穣(じょ)の次です!)=4・42×10の30乗通りにもなります。

「2番じゃダメなんですか?」でおなじみのスーパーコンピューター「京」(1秒当たり1京回の計算が可能)でも、答えを出すのに1041万年もの時間がかかるのです。そんな「巡回セールスマン問題」も量子コンピューターができたらあっという間に解いてくれるかもしれません。え? 最短経路がわかったってどうってことないよって? そうかなあ。

50話 人工知能／宇宙の真理を解明できるか

三十数年前は……
薄いテレビなんて絶対に不可能！分かっとらんね！
↑こういうの不可能ではないかも…
TV
波

量子コンピューターに続き、最近話題の人工知能（ＡＩ）についてお話ししたいと思います。すでにスマホに話しかけたらアプリが立ち上がるのは当たり前で、ディープラーニング（深層学習）の登場で（まだずっと先だと思われていたのに）将棋や囲碁でコンピューターがプロ棋士に勝ったりしてしまうところまで来ました。将棋では人間にはできないくらい先の手まで読んだり、すごい能力を発揮していますが、自分で思考を持つＡＩの誕生までには至っていません。

しかし、２０４５年にはシンギュラリティ（技術的特異点）といって、コンピューターの能力は私たちの想像を超えてしまうだろうといわれています。そうなると、人間には制御できないことが起きて人類滅亡の危機にもつながるのではないかと先日亡くなった車いすの物理学者ホーキング博士をはじめたくさんの人が危惧しています。

神の手を持つお医者さんや料理人、技術者の能力をＡＩが持てたら、すごくいいなあと思いますが、軍事に組み込まれたらと思うとすごく怖いですよね。

ここで、私が思い出すのは、中学か高校でブラウン管の原理を習ったときに、先生が「薄いテレビって漫画やＳＦに出てくるけれど、ブラウン管の原理からそんなものは絶対に不可能だよ。作者は全然わかってない」といっていたことです。ブラウン管は後ろから電子を打ち込んで画像を表示するので、電子が走る距離が絶対に必要だから、薄くはできないことを強調していました。

私は「いや、将来は（今は何かはわからないけれど）まったく別の方法でデータを送って画像を表示する方法が出てくるかもしれない。だから、手で持ってかざせるテレビだって不可能じゃないんじゃないかなあ？」と思いました。

好きな手塚治虫や藤子不二雄の漫画の世界を否定されたように思い、その反発もあったのかもしれませんが、今でもよく覚えています。そしてご承知の通り、今やブラウン管テレビは薄型テレビに取って代わられ、さらに薄いスマホで動画を見るのも当たり前になりました。

教訓というわけではないですが、私は何であれ「絶対にできない」とは思いません。技術であれ何であれ、将来どんなブレークスルーがあるかはわからないですよね。

人間より優れた解析能力を持ち思考を持ったＡＩが登場したら、物理学や数学の未解決問題を解いて、この宇宙の真理を明らかにしてくれるかもしれません。できれば、私がその役割を果たしたいのですが、だんだん年を取ってくると、代わりに他の人やＡＩでもいいかなと思うこともあります。まあ、絶対はないから諦めてはダメですよね。

でもＡＩによって戦争が起きたり、人間がＡＩに支配されたりは嫌だなあ。それこそ手塚漫画ですけど。

ファインマン／最も成功した科学理論を構築

米国の物理学者で、私の大好きなリチャード・ファインマンさんのエピソードを紹介します。

世界中の物理学者は素粒子や宇宙の理論計算に、彼が考案したファインマン・ダイヤグラムを使います。この図を使うと、非常に難しい計算をとても簡単にすることが可能になります。ある素粒子の反応を半年かけて計算しているという話を聞いた彼がその夜一晩で、このダイヤグラムを用いてもっと精度の高い計算をしたそうです。

ところで、KEKにBファクトリーという加速器があります。ここでは（bクォークを含む）B中間子を大量につくり、その崩壊から、なぜ宇宙には反粒子が粒子に比べて少ないのか？そして、素粒子の標準理論を超える新しい物理は何か？について研究しています。

小林誠、益川敏英両先生は、クォークが3世代あると粒子と反粒子の差が生まれることを予言したことでノーベル賞を受賞しました。bクォークは第3世代のクォークですから、粒子と反粒子の差を調べるのにとても適しているのです。

Bファクトリーで観測・研究しているB中間子の崩壊の一つにペンギン・ダイヤグラムと呼ばれる反応があります。なぜ、ペンギンとはまったく関係のない素粒子物理学で、こんなかわいらしい名前が付いたかというと、ジョン・エリスさんという理論物理学者が、お酒の席で友人とダーツの勝負をして、負けたら、次に書く素粒子物理学の論文に「ペンギン」という単語を入れてやると約束して、見事に負けたからということです。

さて、このペンギン・ダイヤグラムに関するセミナーが、ファインマンさんがいたカリフォルニア工科大学で開かれたときの話です。

参加していたファインマンさんは、開始約10分後に手を挙げ「そのダイヤグラム、ペンギンには見えないんだけど……」と質問し、講演者が「いろいろ事情がありまして」と答えると、「そうか」と納得したそうです。しかし、その10分後、20分後と、ほぼ10分ごとに挙手しては同じ質問をし、同じやりとりが繰り返されたため、しびれを切らした別の参加者がいったそうです。

「やい、ディック（リチャードの別称）、いい加減にしろ！　これはペンギン・ダイヤグラムっていうんだよ、それでいいじゃないか！　そもそも俺はファインマン・ダイヤグラムを1万回以上見ているけど、ちっともお前に見えないぞ！」。これにはさすがのファインマンさんもぎゃふんだったそうです。

彼にはリオのカーニバルに参加して太鼓を叩いた話など、他にも楽しいエピソードがたくさんあります。こんなユニークなファインマンさんですが、自然科学の歴史上、最も成功した理論「量子電磁気学」を構築した功績でノーベル賞を受賞している、世界中で最も有名な物理学者の一人です。

あとがき　若い世代へのエール／学問の奥深い世界知って

前にも書きましたが、私は受験勉強が大嫌いでした。というか、コツコツ勉強するよりも、バスケットボールやスキーで頭がいっぱいで、勉強をする気持ちがまったく起きませんでした。でも、レベルの高い高校や大学に入るためには受験勉強をしなくてはいけません。嫌々ではありますが、人並みに頑張った時期があります。

受験勉強をしていると、そのすべてが正しいと錯覚してしまいがちです。難関高校や難関大学を目指して頑張れば頑張るほどそうなると思います。しかし、文部科学省が決めた出題範囲でしか正しくなくて、数学なら紀元前の数学を、物理や化学もずいぶん昔の学問を一生懸命しているわけです。

たとえば、相対論のところでもお話ししましたが、質量保存則はあくまで近似的にのみ正しくて、質量が（保存されずに）エネルギーに化けているからこそ太陽が何十億年も燃え続け、そして、私たち地球上の生命にエネルギーを与えてくれ、私たちは生きていられるわけです。

受験の数学や物理などで1問を間違えるのは結構なロスです。だからプレッシャーがかかりますよね。受験さえ乗り切ったら遊びた

い気持ちもよくわかりますし、勉強が嫌いになるのももっともだと思います。

でも、学問をもっと深く追究してきた立場から見ると、たかが受験勉強くらいで学問を嫌いになってしまうのは、本当にもったいないです！ 受験で習う勉強をこの世界の真理だと勘違いして、学問を嫌いになってしまうのはとっても残念なことです。学問には受験勉強で習うことより、もっともっと奥深く、美しい世界があるのです。

高校まで正しいと教えられてきたことが、じつは全然未解決であったりなんて序の口で、まったく予想だにしなかった二つの問題がじつは深く関わっていたり、しかも、それがまだ世界中で誰も知らない秘密だったり……。これを知らずに死んでしまうのは本当にもったいない、と思うことがたくさんあります。

研究は、受験勉強と違ってまだ誰も知らない答えを探す旅です。でも、研究をするまでに至る過程が大変です。たとえば、漢字をまったく知らない人が「老子」の研究なんてできないですよね。漢字から始めて当時の歴史や文化も勉強する必要があるでしょう。そうした過程を経て、まだ誰も知らないこの世の真理を垣間見られたときの興奮は麻薬のようなものかもしれません。何日も徹夜で論文を書いてもまったく疲れません。早く発表したいという興奮でアドレナリンがすごいんでしょうね。

受験は嫌なものですが、選考する方法としてはじつにフェアです。生まれた家柄で一生を決められて、なりたい職業につけなかった時代よりは、受験の辛さを乗り越えて夢を叶えられるほうがはるかに幸せですよね。だから受験生の皆さん、頑張ってください！

謝辞

新聞のコラムの執筆にあたっては、山陰中央新報の山本洋輔さんとイラストレーターのコダマアキコさんとメールで何度もやり取りしました。その中でも、山本さんの質問はとてもよいもので、私としても楽しかった思い出があります。たとえば、フェルマーの原理の説明のところです。初めの原稿では、溺れている人を最も早く助けられる経路を説明し、それと光が水に入射する経路が同じだと説明しました。しかし、何度説明しても海辺育ちの山本さんは納得してくれませんでした。そこで、経路の計算をして、溺れる人を助ける経路は、光が水に入射する角度よりもずいぶん大きくなることを数値で示し、二つのイラストを並べることを提案しました。そうしたら、すぐに納得してくれました。海辺で遊んで育った山本さんは、経験的に泳ぐ距離をかなり短くしないと海の中の目的地に早くたどり着けないことを知っていたのです。自分の体験から「この角度はおかしい！」と譲らなかった文系の山本さんを見て、子ども時代に電子ゲームではなく自然の中で遊んで育つことの大事さを改めて思い知らされました。この回のコラムはとてもよいものに仕上がったと思います。

新聞のコラムの読者から、内容に関する質問や出版についての問い合わせをたくさんいただきました。それで丸善出版の佐久間弘子さんに出版をお願いしました。佐久間さんと後任の村田レナさんには、コラムをもとにした原稿を熱心に読んでいただき、たくさんのアドヴァイスをしてくださいました。とくに、村田さんにはたくさん助けていただきました。一緒に本をつくり上げるのはとても楽しかったです。お二人のおかげで、とてもよい本になったと思います。また共同研究者の山田敏史さんと高橋智さんにはいろいろ教えていただきました。人との出会いが宝物であることを改めて感じ、とても感謝しています。この本を読んでいただいた皆さんにも感謝します！

今まで読んでくれてありがとう！
目指せノーベル賞！
波
南部陽一郎先生

著者紹介
波場直之（はば・なおゆき）
長野県松本市出身。島根大学総合理工学部教授。理学博士。1997年名古屋大学大学院理学研究科物理学専攻博士課程修了。北海道大学大学院理学研究院教授などを経て2013年より現職。研究分野は素粒子論、なかでも標準模型を越える新しい物理の探究。訳書に『グリフィス 素粒子物理学』（丸善出版、共訳）。小学生の息子と1歳の娘に遊んでもらうことが一番の幸せ。

コダマアキコ
1996年から、フリーランスのイラストレーターとして、島根県を拠点に活動。本の装画や挿絵、広告、キャラクターなど幅広いタッチで制作。山陰中央新報連載コラム「素粒子から宇宙へ～島根大・波場センセイの教室～」に引き続き、本書のイラストを担当。島根県大田市在住。

素粒子の探究で宇宙がみえてくる
波場センセイのとっておき50話

令和2年6月30日　発　行

著作者　波　場　直　之

発行者　池　田　和　博

発行所　丸善出版株式会社
〒101-0051 東京都千代田区神田神保町二丁目17番
編集：電話(03)3512-3265／FAX(03)3512-3272
営業：電話(03)3512-3256／FAX(03)3512-3270
https://www.maruzen-publishing.co.jp

組版印刷・精文堂印刷株式会社／製本・株式会社 松岳社

ISBN 978-4-621-30515-7　C 0042　Printed in Japan